絕對管用的 38條職場致勝法則

Make your money work for you instead working for the money

胡凱莉◎著

作者序

黃金有價，經驗無價

「書呆子」一詞早已有之，是對那些滿腹經綸卻不諳人情世故者的戲稱。現在真正的「書呆子」不多，但不善於溝通的人卻不在少數。

據美國相關研究者調查，在事業有成的人士中，85%靠人際溝通能力，只有15%純粹是靠擁有某種專業技能而竄升。在人際關係較複雜的社會，僅憑專業技能取勝的更不超過10%。

許多剛從學校進入社會的青年，雖然有才幹，也有進取心，但工作並不順利，難得信任和重用，其原因通常是人際關係狹隘。拉關係並非一門很高深的學問，但還是有人一輩子也學不會，這多半是不善經營人際關係之故。

本書對多位成功人士進行調查，總結出許多有用且常用的人生經驗，供有志於開創一番事業的青年們參考。這些都是「過來人」在生活中打滾，付出各種代價得來的寶貴經驗，相信能夠啟迪對人生感到不安的讀者們。

第1篇 工作經驗

剛走出校門的人，往往有許多看不慣的人或事，因為他們的遭遇與課本中說的相距甚遠。最初，他們野心勃勃，希望按照自己的想法改造周圍的環境，等到碰壁後，就心灰意冷，隨波逐流，不思進取。

人與人的關係就像買賣，有資本的人是買方，反之則是賣方。剛踏出校園的社會新鮮人，資本不足，只好當賣方，依照買方的要求去做。例如賣鞋子，你只能做適合顧客的腳的鞋子，不能想要削掉顧客的腳來塞進自己做的鞋子裡。等到你賺足資本，才有選擇的自由。

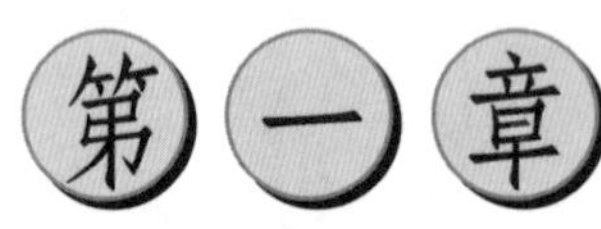

找對工作

跨出成功的第一步

1 兼顧現實的工作，才是理想的工作

素有「才子」之稱的啟凡，大學時曾發表多篇文章。畢業時，他和幾位同學被分發到報社，他以為自己一定會分在「新聞部」，至少當「記者」，但是他卻被分派到總編辦公室，令他大失所望。

他開始埋怨「安排不當」，抱怨老闆不識「貨」。實際上，老闆並非不瞭解他，而是想重用他，讓他瞭解報紙的運作過程。不過，見啟凡工作不負責任且不用心，最後打消了培養他的念頭。

自以為是，希望老闆依自己的「專長」安排職位，是許多社會新鮮人容易犯的錯誤。

做需要做的事

社會新鮮人應該盡量表現自己的優點，但這種自以為是的優點卻未必符合公司所需。每個公司都有自己的經營特色和管理方法。唯有在公司需要時，個人專長才得以發揮。

成功者做需要做的事，失敗者則只做喜歡做的事。社會新鮮人的專長，應該成為適應環境的「催化劑」，而不是挑剔工作的「資本」；應該是專長服從需要，而不是需要遷就專長。

小林是一位明星大學畢業的高材生，受聘於某廣告公司。第一天報到時，他對經理說的第一句話是要求重視專業，希望經理注意他的專長。然而，經理卻讓他先到企畫部實習，之後再根據情況調整。小林認為無法充分發揮自己的專長，於是在企畫部不虛心學習，每天混水摸魚，不到三個月就被炒魷魚了。

對於剛步入社會的年輕人來說，先在不是自己的專業領域累積經驗，對未來很有幫助。只侷限於一種工作的人，思路狹窄，很難有傑出的表現。

不看輕工作

另外，還有很多人容易好高騖遠，認為自己是「大材小用」，不認真執行交付的工作。

世事都有相通之處，有人能從劍道悟出書法之道，有人能從禽鳥搏鬥悟出劍術之道，對一個追求進步的人來說，沒有任何事情是與自己無關的。從事任何一門專業，若沒有其他領域的知識輔助，絕對無法達到理想的境地。

社會新鮮人應該嘗試各種工作，避免執著於個人專長或求高不就低的想法，要想勝任某個職位，就必須瞭解比該職務更廣泛的知識。

總之，即使老闆交付的工作比想像中的「差」，也要努力做好。是大材或小材，事實是最好的證明。

定心工作

跳槽是社會新鮮人工作遇到瓶頸時最直接的反應。稍有不如意就跳槽，跳來跳去，根本學不到的東西。選工作不是點菜，不可能完全合胃口。

剛走馬上任時，首先要定下心，耐得住煩躁。一個穩定的人，能給人好印象。坐這山望那山，經常跳槽，對自己沒有幫助。社會新鮮人沒有資歷和經驗，想要藉由工作的過程來累積經驗，就需要有穩定的工作環境。老是「打一槍換一個地方」，雖然有新鮮感，但是很難「修成正果」。

再說者，跳槽的目的地，不一定是適合開墾的「處女地」，而社會上知名度高、眾人看好的工作，可能也不適合你。一旦你真的當上管理者，你確定自己能夠勝任嗎？

想定下心不難，首先要做好心理建設。其次，要抱持安於工作的態度。不求「一蹴可幾」，但求「穩紮穩打」。最後，隨時調整自己。即使遭遇挫折，也要盡量讓平復焦躁的情緒。

薪資低，做出一番成績，就有討價還價的籌碼；職位不高，展現實力，別人就會信任你。識別人才不像鑑定水果的品質那麼簡單，需要時間來檢驗。老是跳槽，別人沒有足夠的時間檢驗你，又怎麼知道你是不是人才呢？

2 改變想法，找對工作

政浩在公家機關任職，他利用業餘時間自修完法律專業課程，並取得文憑。後來，他辭掉原本的工作，想找一份法律相關工作，但是找了一年多，卻始終找不到理想的工作。迫於生計，他只好「屈尊」去一家酒店當服務員，終日悶悶不樂。

社會的競爭越來越激烈，大部分的產業都呈現人員飽和的狀態，根本很難找到符合理想的工作。不過，只要掌握下面的原則，就能降低找工作的難度。

1、改變職業觀念：所謂改變職業觀念，就是指正確認識社會現實、社會中存在的職業，瞭解職業無高低貴賤之分。只要是社會所需，利於發揮個人才能，能夠體現自身的真正價值，又可以取得自己需要的物質與精神財富的工作，就是合適的工作。

不過，很多人根本不瞭解自己的特質，當然找不到合適的工作。走出這個迷思最好的方法，就是在改變職業觀念的同時，培養自己的實力，使自身的水準達到理想工作的要求。

2、切勿躁進：長時間失業的人，越心急越難找到工作，甚至有人迫於生計而亂找工作。這種隨便的心態容易令招聘者質疑你的能力。

保持堅定的態度，避免讓人以為你是走投無路才找工作。就算有人介紹你其他工作，你也要表明自己對現在的工作很滿意，若有更好的發展機會，還是可以考慮。如此一來，遇到想重用你的公司時，反而會提高他們對你的興趣。

如果你的理想是成就一番事業，那麼就應該選擇穩定一點的工作，並以此為起點，努力朝自己的目標前進。如果你只想要生活有保障、有安全感，那麼就不要找挑戰性高的工作，而應該找需要安守本分、循規蹈矩的工作。如果你的目的是賺錢，那麼只要是高薪，就算是傳統觀念中較「低賤」的工作也適合。不過，絕對不能為了薪資而出賣道德良知。

總之，在找工作時，必須充分認識自己的個性與理想，才能找到真正合適的工作。

3 討厭的工作往往帶來意想不到的收穫

小李是個電腦愛好者，本想大學畢業後從事資訊業，但事與願違，被分配到一家雜誌社擔任文字編輯。最初他抱怨連連，沒想到一年後卻深深愛上這份工作。因為這份工作不僅為他帶來豐富的知識和經驗，而且人生價值能夠在筆下實現。

踏入社會的第一份工作不一定是自己喜歡的，但還是要謹守本分。在工作的過程中培養興趣，可能會有如下的收穫。

1、獲得寶貴的經驗：社會新鮮人的第一份工作可以學到很多課本裡學不到的經驗，為工作生涯打下基礎。單調、枯燥的工作，可以讓你體驗就業的氣氛，鍛鍊耐性；豐富、多變的工作，可以讓你感受競爭的氣氛，鍛鍊應變的能力。

麗麗是商品推銷員，這是意想不到的工作。她的興趣是公關，但經理告訴她：「如果你能說服別人購買你的產品，自然具備公關的能力。」於是，麗麗就利用這份工作鍛鍊自己。她整天站在商業大樓前向行人推銷新產品，儘管說得口乾舌燥、站得腰酸腳痛，她仍然自得其樂，因為她在無形中練就了應付各種人和說服他人的能力。後來，她一直沒有換工作，她已經愛上這份極富挑戰性的工作了。

2、獲得尋找新工作的資歷：資歷往往能發揮出乎意料之外的作用。某大酒店在三年內走了一千三百人，其中大部分都受聘於其他酒店，擔任比原來更高一級的職位。因為他們在五星級酒店做過，累積了豐富的經驗，有相當的資歷。如果你曾在著名的機關或公司工作過，對你而言無疑是一次寶貴的經歷。即使你以前任職過的公司默默無聞，對方也不會將你當成生手，而會認為你受過訓練或經驗豐富，所以第一份工作對剛出校門的學生來說相當重要，至少他會幫助你更容易找到工作，因為很多公司都會優先錄取有經驗的人。

3、獲得有益的訓練：許多公司對新錄用的職員都要進行培訓，這可能是你第一份工作得到的重要籌碼。這時，選擇職前訓練完善的公司工作，既能受良好的栽培，又能領薪資，一舉兩得。即使你的公司不提供培訓，在工作的過程中，還是能向資深員工學到許多有用的經驗，這對你日後的發展大有好處。

因此，你絕對不能因為不喜歡這份工作就消極打混。雖然工作機會很多，你可以自由選擇，但是社會的發展可能礙於某些原因，僅能提供有限制條件的工作，所以就算能夠選擇，也未必能夠找到合意的，一定要珍惜現在的工作。

4 多方收集資料，小心徵才陷阱

宏毅本來是一家出版社的編輯，因故辭職。原以為以憑自己的資歷可以輕易找到一份不錯的工作，沒想到找了兩個月，始終沒下文。就在這時，他看到一則徵求編輯的廣告，於是帶著簡歷和作品去應徵。老闆很欣賞宏毅的才能，表示三個月後視工作能力和表現再調薪資。不料，宏毅努力工作兩個月零二十八天時，老闆卻藉故辭退他。

現在的徵才廣告五花八門，充斥騙人的陷阱，但我們不能因為怕被騙就不試。只要事前做好充分的準備，就不必擔心上當。

瞭解應徵職位的基本條件

首先，要瞭解求才公司的性質，例如是公家機關或民營公司。據統計，失業的人超過半數都希望到公家機關工作，反映了他們對生計的不安感。事實上，這種想法是錯誤的。無論公司性質如何，賴以生存的決定性因素還是在於該公司的實力。

其次，要瞭解應徵職務隸屬公司的哪個部門。一般來說，領導能力強的老闆，公司的營運狀況多半不會太差。不妨透過該公司的員工側面打聽。

再者，要瞭解上班的交通狀況。公司離家遠近、通勤方式等，都是很實際的問題。

另外，你還必須要知道你應徵的公司的主要生產品、經營項目，以及經營規模等。

最後，瞭解你要應徵的公司有哪些部門，例如會計部、業務部、公關部等，找出你適合其中哪個部門。

瞭解應徵公司的徵才條件

一般公司對於應徵者都會有某些基本要求。

例如性別、年齡、身體狀況、實際經驗、學歷、專長等，甚至有的公司會要求機動性出差、不定期加班等。另外，像旅遊公司通常以外語能力為優先考量，而出租汽車公司則會要求汽車駕駛有「三證」。

至於在薪資福利方面，可注意幾個重點。首先是薪資。薪資是維持生活基本開銷的主要來源，也是求職的主要目的，當然不可輕忽。

其次是獎金。除了薪資之外，獎金是公司根據營業績效支付的。有的公司獲利佳，員工往往可以得到優厚的獎金。

最後是福利。福利包括勞健保、退休金等。面試時，最好問清楚該公司是否具備各項基本員工福利。

有的人面試時不好意思談薪資福利的問題，擔心對方對自己有不好的印象，其實這是錯誤的觀念。如果對方不願意談，代表他根本沒誠意。

瞭解應徵公司的目標

以賺錢為目的的公司，前景受限，成不了氣候。以販賣偽劣商品，欺騙消費者的公司，在市場上無法立足。壓榨員工，給予不公平待遇的公司，無法留住人才。服務態度差，環境不好的公司，人氣不足。在上述的這些公司工作，根本無法實現自己的理想。因此，選擇公司要多方打聽。

5 有伯樂，才有千里馬

曉明同時收到兩家公司的錄取通知：一家員工數千人的大公司和一家只有八個員工的小公司。結果，曉明選擇了小公司。他認為，雖然小公司工作條件差、待遇低，但老闆是個精明能幹且寬厚謙遜的人。在這種人下面工作，未來不可限量。曉明不像別人一樣「拿多少錢做多少事」，他盡心為公司效力。數年後，這家公司擴充到一百多人，曉明也如願昇至副總經理、第二股東，年收入超過百萬元。

遇到識才的老闆，升遷容易。反之，遇到無才的老闆，不僅升遷無望、前途渺茫，甚至連飯碗都不保。

明辨老闆的特質，就能一展所長

遇到知人善任的老闆，可以避禍害，也可以有所發展。

漢末，曹操任兗州牧時，郡士高柔認為，陳留太守張邈遲早會背叛曹操，於是率鄉人遷河北，以免受刀兵之苦。後來，張邈果然起兵反曹。結果，張邈被殺，禍延多人，但高柔一家安然無恙。

大明軍師劉伯溫也是個善於識別老闆的人，他觀察陳友諒、張士誠等起義首領，認為他們成不了氣候，只有朱元璋有一統天下之量，於是跟著朱元璋起義，遂成就功名。

好老闆的特質

好老闆的六種美德是：

1、以仁德引導下屬，規章治理企業。能體恤下屬疾苦，洞察下屬辛勞。

2、遇困難不苟且逃避，不跟下屬爭功，不見利忘義。

3、勝不驕，敗不餒；賢明而謙遜，平易近人而不失原則。

4、隨機應變，備有多種方案。能轉禍為福，臨危境能克敵制勝。

5、嘉獎進取的下屬，懲罰怠惰的下屬。獎賞不逾時，懲罰不避親。

6、任用有才能的人，聽取建言，彌補自己的不足，絕不剛愎自用。

壞老闆的特質

壞老闆的六種惡行是：

1、貪婪不知足。

2、嫉妒比自己賢能的人。

3、聽信讒言，重用小人。

4、不能知己知彼，遇事猶豫不決。

5、荒淫無度，沉溺酒色。

6、為人奸詐，色厲內荏；言語狡詐，不依禮行事。

6 不想吃悶虧就主動出擊

嘉華在某縣府工作，他多才多藝，工作勤奮，從不推辭額外加諸的工作。結果，越來越多繁瑣雜務落到他身上，整個縣府就他最忙。然而，他不善於阿諛奉陳，所以調薪、記功都沒他的份。嘉華覺得吃虧，卻不知道如何爭取自己的權益。

不稱職的老闆，在處理事情時，容易感情用事，私心重，不能公正地對待下屬。遇到這種「一碗水不端平」的老闆時，應該怎麼辦呢？

1、主動找老闆面談：老闆你的評價不公正時，千萬別只顧著生悶氣，這樣他會覺得你對他的評價沒有意見。你應該心平氣和地主動找老闆面談，瞭解他的評價標準，詢問你的不足處，請他明白指出你需要加強的地方。如果是他對你的瞭解不夠，你可以簡單自我介紹；如果老闆確實有不公正處，你可以記錄評價標準，與其進行溝通。千萬不要因為一次評價不公正，就大吵大鬧，這只會影響你的形象。當然，也不能默不作聲，否則只會常吃悶虧。

2、保持尊嚴：即使老闆喜歡下屬逢迎諂媚，你也不能「投其所好」。喜歡奴才而不喜歡人才的老闆，也只是把奴才當奴才使喚，並不尊重他們，而且奴才惡名在外，想再回頭做人才，難如登天。因此，要保持尊嚴，不能任意隨波逐流。

3、爭取與老闆合作的機會：有些老闆喜歡貪佔下屬的功勞，這種做法很不道德，但你又不方便直接點明，不妨參考下面的做法。

假設你正在寫一篇論文，又這篇論文對你而言並不是很重要，那麼你可以邀老闆參與，聽取他的意見。在進行的過程中若遇困難，也可以請他幫助。等到論文完成，可以加註他的名字。如此一來，就能避免他獨佔功勞，顧全他的面子，同時又能借助他的力量，何樂而不為呢？

萬一真的遇到想獨吞功勞的老闆，你只好義正嚴辭地告訴他：「大家都很清楚我費了多少心力完成。」巧妙地讓他知難而退。

4、防止「穿小鞋」：在工作中，很容易因為一些小原因而得罪老闆，導致老闆讓你「穿小鞋」。面對這種情況，你該抱持何種態度呢？

・釐清事實的真相。如果不是你與老闆有利益衝突，或你做了某些有損他面子的事情，他沒必要浪費力氣做這種無意義的事情。

・老闆有冠冕堂皇的理由讓你「穿小鞋」，在他對你改觀之前，只能暫時忍氣吞聲。

・如果你可以證明老闆惡意讓你「穿小鞋」，那麼不妨主動找他面談，心平氣和說明自己的理由。若老闆仍一意孤行，只好找適當的時機將此事曝光，接受公評，同時表明自己的態度，給老闆壓力，讓他日後不敢再憑喜好做事。

5、事後再解釋：無論你有多少理由，在老闆生氣時解釋，只是浪費口舌。不妨先給老闆一個台階下，等他冷靜下來，再找適當的時間解釋。當場力爭，等於是否定老闆先前的訓斥無理，讓他難堪。每個人都曾經為了顧全面子而不認錯，你的老闆當然也有可能。如果你確實犯錯，就要主動跟老闆認錯，表示你沒有將他的話當成耳邊風。

反之，如果是老闆誤會自己，就一定要澄清。當然，說話要講求技巧，最好先承認自己有錯，接著再話鋒一轉，向老闆解釋真相。

6、態度端正：無論老闆生氣是否有道理，他畢竟是老闆，必須保持其權威地位，否則他就無法領導下屬了。若你無意或無力「推翻」他，就只好維護他的威信。

有人曾經提出應對老闆生氣時的10種做法，值得借鏡。

- 不立刻反駁或憤然離開。
- 不中途打斷老闆的話為自己辯解。
- 不表現出漫不經心或不屑一顧的態度。
- 不文過飾非，嫁禍於人。
- 不故意嘲笑對方。
- 不用含沙射影的語言給老闆錯誤的暗示。
- 不反過來批評老闆。
- 不轉移話題或假裝聽不懂老闆的話。

・不故作姿態或虛情假意。
・不灰心喪氣，避免影響工作。

7 能屈能伸，擺脫晴時多雲偶陣雨的老闆

維哲是個有抱負的青年，喜歡追求獨創性、成就感。然而，他的老闆卻是蠻橫獨斷的人，要求下屬按照自己說的去做，使得維哲覺得只有一雙手有用，腦袋只是擺設。他感到非常苦惱，想跳槽，卻又不甘心就此當「逃兵」，想扭轉局面，卻又不知道該怎麼做。直到有一天，他那當了二十年老闆的叔叔教他一套方法，才使他擺脫這種局面。那麼，他到底是用什麼方法呢？

老闆的閱歷不同，行事風格也不同。大部分的員工都希望遇到一個平易近人、知人善任的領導者，但是如果遇到的是難相處的老闆，該如何應對呢？

與愛擺架子的老闆相處的技巧

擺架子的老闆總認為自己高人一等，不僅輕視下屬，還喜歡讓下屬眾星拱

月似地奉承他。這是種淺薄的本質和小人得志的異常心態。

如果你的老闆是個架子十足的人，可以採取下列的做法：

1、不買帳。他端架子、打官腔目的在裝腔作勢，是想讓人絕對服從他。這時，你只要故作不在乎或假裝沒看見，大方、冷靜地，同時又禮貌得體地與之接觸，他就無可奈何了。若他依然盛氣凌人，無禮待人，那麼你就「以其人之道，還治其人之身」，讓他也嘗嘗被侮辱的滋味。遇到不買帳的人，老闆的官架子是端不起來的。

2、少來往。除了必要的工作接觸之外，減少與老闆的往來。這種老闆就是覺得自己很重要，你越巴結他，他的架子端得越高。反之，故意忽視他，他也許會開始反省。

與平庸的老闆相處的技巧

平庸的老闆都是無所作為的人，他們總是抱著得過且過的心態，不喜歡改變。如果你是一個有理想、有抱負的人，遇到這種老闆確實會沒幹勁。這時，你不妨這麼做。

1、不苛求。如果老闆的平庸確實屬於自身素質的問題，那麼你就不必苛求，因為你不能指望老母雞變成高飛的雄鷹。

2、適當誘導。再無能的人也有長處。老闆雖然平庸，仍有可取之處。建議下屬盡量找出他的優點，經常肯定並讚揚他，促使他發揮自己的特長。如果部門沒有成績，你就沒有功勞可言。輔佐平庸的老闆，提高績效，眾人都與有榮焉。

3、發揮自己的才能。正因為老闆平庸，才需要有才華的人輔佐他，幫他出主意。這時，能力強的下屬就應該抓住這個有利時機，發揮自己的才能，好好表現自己。如果劉備活得久，劉禪不當皇帝，諸葛亮的名聲哪有這麼響亮？

4、做好升遷準備。如果平庸的老闆不干涉也不妨礙你，那麼你最好依照自己的想法，朝目標前進。千萬不要把前途寄託在一個人身上。

5、另謀出路。萬一你發現在平庸的老闆底下沒有前途，不妨考慮轉到其他部門工作。聰明人不會將房子蓋在沙土上。

與聽信讒言的老闆相處的技巧

如果有人背著你在老闆面前打小報告，老闆可能會對你「另眼相看」。為了避免與其發生衝突，你可以採取下面的做法，澄清謠言。

1、將問題攤開到檯面上談。當老闆莫名其妙地疏遠你、在會議上不指名道姓地批評你，甚至故意製造難題為難你時，你應該鼓起勇氣主動找他談，問清緣由，說明真實情況。一般而言，開誠佈公地說清楚，會收到較好的效果。

2、化被動為主動。如果知道是誰在打小報告，不妨在老闆沒找你談之前先找到他，澄清誤會，化被動為主動，說不定可以讓老闆改觀。

與脾氣暴躁的老闆相處的技巧

作風強勢的老闆，脾氣通常比較暴躁。他們相當重視工作的過程，稍有不滿，就可能會對下屬咆哮或大聲斥責。該如何與脾氣大的老闆相處呢？建議從下列幾個方面著手。

1、預防。謹守本分，不拖延老闆交待的事，動作俐落。再者，事前做好工作的各項準備，說話委婉。能在這種老闆底下長期工作的人，通常做事都很有效率。

2、溝通。遇到老闆發脾氣時，最好的方法就是硬起頭皮洗耳恭聽。正確則心裡接受，無理則事後解釋。當面頂撞或火上澆油，對自己絕對沒好處。

3、規勸。很多人在發完脾氣後，容易後悔、自責，有些老闆同樣會為自己不能控制怒氣而感到懊悔。下屬則可利用這個時機，委婉規勸，表示生氣對身體、對同事和工作沒有好處，請他要冷靜、理智。只要老闆有悔意，多半就會接受勸導。

與獨裁的老闆相處的技巧

獨裁的老闆喜歡按照自己的意思辦事，聽不進下屬的反對意見，即使他是錯的，也照樣要求下屬按他的命令行事。萬一你遇到這種老闆，應該如何應付呢？

1、避免直接衝突。許多獨斷的老闆心胸狹窄、器量小，見不得別人比自己厲害，聽到不同意見就會不高興。如果下屬違背了他的意思，他就會給予嚴厲的懲罰。在這種老闆下面工作，很難堅持己見，否則後果不堪設想。建議以不動聲色的沉默面對他的專橫，讓他以為你尊崇、聽命於他，博取他的信任，繼而放鬆對你的管束。

2、勇於說「不」。當獨斷的老闆提出過分的要求時，你應該毫不猶豫地說「不」，並解釋理由。

蠻橫的老闆當然無法接受下屬說「不」，這會讓他大受打擊，不過，若你能先禮後兵，坦白地說明拒絕的理由，就能減輕老闆的挫折感。即使他仍然不悅，但也不至於再有過分的舉動。

3、直接表達理念。即使老闆憤怒的吼叫會讓你畏懼，你也要清楚地告訴對方「我認為應該這樣」或「我認為不應該這樣」。

當然，語氣要委婉。這類型的老闆通常自尊心都很強，若你太強勢，只會火上加油，導致他在衝動之下做出不利於你的事。

4、借助輿論的力量。當你公開老闆的無理行徑時，就能有效遏止他的專斷作風，或迫使他不得不收斂。

與妒才的老闆相處的技巧

嫉妒是人類的天性，輕微的嫉妒有助於激勵自己，過強的嫉妒則會促使人做出不當的舉動。

遇到妒才的老闆，有才華的下屬很難伸展，甚至前途無望。萬一你的老闆正是這類型的人，你應該如何應對呢？

1、樹立君子形象。在妒才型的老闆下面工作，只能將自己的聰明表現在業績上。表面上，要給人一種不以才高的印象，讓人感覺你只是一個與世無爭的謙謙君子。一個能幹而對人沒有威脅的人，總是受歡迎的。

2、彌補老闆的不足。在老闆不精通的領域大顯身手，很快就能做出一番成績，引起老闆的重視，因為你是老闆完成其職責的重要保證。

3、淡泊名利。有了名又要利，勢必會遭到別人的嫉恨，甚至以你的弱項來貶低你的長處。因此，最好不要計較名利，即使是憑藉自己的努力才得來的成果，也要挪出一部分與老闆分享，營造一種他若害你等於是在加害自己的印象。

4、體察上意。有才華的下屬容易引起老闆嫉妒，若要成就一番大事業，最好培養寬厚的胸襟，學習容忍並體察上意。

明智之舉是佯裝不知，不僅不計較老闆的嫉妒心，反而真心誠意地協助他，增加他的實力。如此一來，可能就會澆熄他的妒火。

5、公開表示對老闆的尊重。老闆有時會嫉妒下屬，是因為覺得自己的地位受到威脅。下屬的才華、業績、名聲等，都可能成為對老闆權威的潛在威脅和挑戰。這時，為了安心，他會不斷地找下屬麻煩，藉此打擊並削弱這些潛在的對手。

因此，下屬最好能夠做到使老闆「放心」、「安心」。其中一個方法是，在公開場合支持老闆，刻意突顯他的領導能力，並低調處理自己的業績，甚至不惜分一半功勞給你的老闆。一旦他感受到自己的權威，就不會想要打壓你了。

6、不逞強。嫉妒心強的老闆，一定有比你強的地方。適時讓他展現實力，可以博取他對你的信任。

7、尋求高層老闆協助。如果老闆心胸狹窄，不斷地對你施壓、打擊和報復，那麼你就有必要採取實際的行動提出警告，進行反擊。建議向更高階的主管報告，尋求協助。這時，老闆為顧及自己的名譽和權威，就不敢輕舉妄動了。

與喜歡雞蛋裡挑骨頭的老闆相處的技巧

喜歡雞蛋裡挑骨頭的老闆，容易打擊下屬的自信心。無論你怎麼做，他都看不慣，總能挑出一堆問題。在這種老闆下面工作，經常感覺進退維谷。一旦遇到吹毛求疵的老闆，你應該如何應對呢？

1、當老闆交付工作時，你要問清楚他的要求、工作性質、完成期限等，避免發生誤解。

2、找出他對你的疑慮並設法解決。例如他懷疑你不尊重他，你就凡事向他報告；他懷疑你的能力，你就盡力做到完美。只要他在心裡認同時，自然就不會再雞蛋裡挑骨頭。

3、忽視老闆的挑剔，將工作擺在第一位，這是贏得老闆看重的基本條件。很多人遇到挫折就想逃避，但這並不是一勞永逸的解決之道。好老闆可遇不可求，若這份工作能夠滿足你的需求，例如豐厚的薪資、單純的工作環境等，那麼你就不應該輕易放棄。如果你想在事業上闖出一片天空，就絕對不要半途而廢，老闆的人品和工作是兩回事。

8 將老闆當成戰友，不做唯馬首是瞻的下屬

小鍾在一家廣告公司從事設計工作。他的工作能力不錯，但不是最強的。然而，同事們卻發現老闆對他的態度與別人不同，凡事愛跟他商量，完全把他當成自己人。半年後，小鍾被擢升，成為資深職員的主管。所有人都很驚訝：小鍾不是那種喜歡阿諛逢迎的人，老闆也不喜歡別人討好賣乖。那麼小鍾到底為什麼能夠受到倚重呢？

能否受到重用，與有無專業技能沒有必然關係，人際關係才是決定能否升遷的關鍵。如何維持與老闆間的好關係，是值得學習的技巧。

1、表現自己的重要性：讓老闆認為不能缺少你，讓老闆透過你才能正確瞭解下屬的狀況。沒有人是真正不可或缺的，除非你是老闆的「心腹」。

員工的作用在於幫助、協助老闆達成公司的目標。要做到這點，首先要認同老闆的事業目標和工作價值觀。老闆認為公司應快速增長，你就不能一味的

要求循序漸進；他向外發展，你就要守好大本營；他大刀闊斧，你就要做些繡花功夫。你可以提出與老闆相反的建議或堅持自己的意見，但最好委婉地以書面形式表達。對公司的事漠不關心，絕對不會被老闆重用。

2、避免鋒芒畢露：能成為老闆，一定都至少具備基本的實力。其中，有些老闆的疑心病重，可能是曾經有人背叛他，或是知恩不報、過河拆橋。時間一久，他們當然會對人失去信心，也不敢對人推心置腹。這類型的老闆遇到能力比自己強的下屬時，容易感到不安。他們認為下屬永遠是下屬，永遠差自己一截。因此，當你的能力遠勝於老闆時，切記不可鋒芒畢露，以免惹禍上身。

3、虛心接受批評：被老闆斥責時，要先知道他為什麼罵你，等到釐清原因後，再思考應對的方法。接受批評時，態度要誠懇，從批評中學習成長。大部分的老闆都不喜歡下屬把自己的話當成「耳邊風」。如果你對老闆的訓斥置若罔聞，依然我行我素，那麼下場會比當面頂撞更糟，因為你眼裡根本沒有他。

即使是不合理的批評，也有值得反省的的地方。如果你真的不服氣，可以私下解釋，切忌當面頂撞。尤其是公開場合，不僅你下不了台，也會讓老闆難堪。一旦老闆喪失威信，就無法服眾，無法領導其他人，自然就會迫使他排除你。其實，只要你坦然接受批評，老闆可能反而會產生歉疚之情。

4、盡忠職守：當老闆委派工作時，要先瞭解目的，再選擇適當的做法，避免徒勞無功。

任何事情都要做到完美無缺才呈報給老闆。若無法在限期內完成，應該預先告知老闆。千萬不要等老闆告訴你應該怎麼做，雖然有人會故意出錯而讓老闆有機會出言指正，滿足其虛榮心，但這是扭曲人格的做法，不符合工作效率，而且會拖延達到目標的時間。

與老闆保持密切的溝通，提出簡潔有力的工作報告，避免以繁瑣的問題打擾他，當然，重要的事情還是要徵詢他的意見。耐心尋找老闆的喜好，以他喜歡的方式完成工作，不要逞強，更不要急於表現自己。老闆不笨，也不會不識好歹，總有一天，他會肯定你的付出與努力。

5、主動親近老闆：很多人習慣對老闆敬而遠之，這是缺乏自信的表現，對自己的前途也沒有幫助。你站在暗處，怎能期望別人發現你呢？最好找機會主動去親近他們，經常向他們打招呼，交流彼此的想法。大部分的老闆看起來大方，實際上卻很纖細。他們的能力強，個性也比較倔強。雖然你不必懼怕或委屈迎合，但也不可刻意排拒。

此外，要注意的是，按照字意理解老闆所講的話，無法體會他的真意，他的話語可能帶有某種暗示。例如老闆說：「好冷啊！」不見得是想告訴你天氣狀況，而是請你「打開暖氣」。

6、積極找事做：不要只做分內的事，盡量多接觸其他領域的工作，藉此提高自己的價值。就算困難重重，也要盡力去做。唯有把公司的事當成自己的事，老闆才會託付重任。不過，即使是老闆，也有不擅長的工作。如果你能自告奮勇，一定會讓他印象深刻，以後有事自然就會想到你。

另外，在做某件事情前，應該先向老闆報告。在工作的過程中，也不要把老闆晾在一邊，最好隨時主動報告進度。即使與更高一級的管理者接觸，也一定要事先知會自己的直屬老闆。

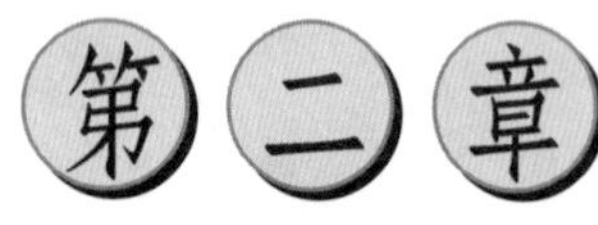

善用小技巧
化解職場上的人際障礙

9 工作夥伴是值得投入經營的資產

裕成做事勤奮，認真負責，總是盡心盡力完成分派的工作，深得老闆信任，老闆經常公開誇獎他。然而，他不善於溝通，很少跟同事來往。同事都認為他只會拍老闆的馬屁，瞧不起小職員，不時在工作中扯他後腿。裕成感到很苦惱，反覆自問：「我並沒有得罪他們，他們為什麼要跟我過不去呢？」

你可能曾經有這種疑慮：老闆對你不錯，你也很努力工作，但卻經常感到力不從心，彷彿有一隻看不見的手在暗中扯你後腿。如果真的遇到這種事，應該是你和同事之間的關係出了問題。

在現在的管理體系下，想靠老闆一句話獲得加薪或陞遷的可能性不大，不只要做出一番實績，還要重視同事們的口碑。再者，你做任何事也都需要其他人的協助，所以一定要與同事維持良好的關係。

分工合作的優勢

分工合作是成功的定律。同事間存在利害衝突，不代表就是水火不容的關係。彼此之間應該既有競爭又有合作，而且合作大於競爭。只有分工合作，才能在競爭中勝出。這是一種看似矛盾其實並不矛盾的辯證關係。

那麼是否真的心無芥蒂，真誠合作，有才華的人就能從中脫穎而出呢？其實不是如此。脫穎而出的通常不是有才華的人，而是善於處理人際關係、樂於與人合作的人。因為同事之間根本不可能做到心無芥蒂，尤其是那些有才華的人，一心想往上爬，不一定就會幫助不如他的人。只有極少數的人願意與他人合作，所以他們可以成為眾人中的佼佼者。因此，你願意拋掉狹隘的自私心理，樂於與人合作，還是強調競爭，淪為失敗的一群呢？

人際關係是事業的基礎

在工作和生活中，每個人都會遭遇挫折。同事有困難，可能是機會，也可能是陷阱。如果你幸災樂禍，袖手旁觀，將來他人也會以其人之道還治其人之身；如果你及時伸出援手，助人一臂之力，那麼等到你有需要，對方也會幫助你。

有些人對人際關係冷漠，不積極與同事交流，而有些人則過於汲汲營營，刻意拉攏有權有勢的人，形成小團體，自以為這樣就可以高枕無憂。事實上，他們都錯了。雖然不能忽略人際關係，但也不能太功利。前者容易跟同事疏遠，後者則容易招妒。

凡事為人著想，關心別人，有助於培養自己的人氣，穩固事業的基礎。人際關係是發展事業的強大資本。

退一步海闊天空

「人要臉，樹要皮」，沒有人喜歡聽別人指正自己的缺點。心直口快的人說話不經大腦，當然會得罪人，甚至讓人不惜當場撕破臉。

然而，在與同事相處時，要記住這句話：忍一時風平浪靜，退一步海闊天空。這是老掉牙的話，但確實有很多人因為這樣而走運。寬容可以消除彼此之間的怨恨，原諒可以創造一個輕鬆自在的工作環境。相互猜忌、扯後腿，會變成無形的壓力。

唯有謙讓、忍耐，才可以平息惡性的爭鬥。如果你能做到這點，自然可以鶴立雞群。

退還「高帽子」

你可能會碰到這樣的事：某位同事似乎對你特別信服，常常會當眾給你戴高帽，例如說「你真棒，什麼事交到你手裡，一定能順利完成」、「這件事絕對不能交給別人去做」等諸如此類的話。

不過，請別高興得太早，很多人就是這樣被「捧殺」的。即使你確如他所說的能幹，但別人聽起來卻可能會很刺耳。當你將他們比得一文不值時，他們就會故意雞蛋裡挑骨頭，經常挑你的毛病。你能保證自己絕對不犯錯嗎？一旦成為眾矢之的，日子就不好過了。另外，那個誇獎你的人究竟是何居心？他可能居心不良，使的是老子所說的「將欲弱之，必固強之」之計，製造你高不可攀的形象，讓其他人看不順眼。當然，他也可能只是不識時務，還以為在幫你。記得，當有人送你高帽時，最好婉拒：「你過獎了，這件事由甲或乙去做，可能做得更好，我並不比他們強。」

如果你想經營好人際關係，就要學會察顏觀色，分辨別人是否明裡陪笑、暗裡動刀。千萬不要因為他人幾句恭維的話就樂不可支，否則容易樂極生悲。

瞭解公司的派系鬥爭

公司越大，人際關係越複雜，容易產生「派系」問題。大部分的老闆都希望得到下屬的支持，最後導致新進人員也捲入派系鬥爭中。應對進退確實是一門高深的學問。哪個老闆真正看中自己的才華？哪個老闆能使自己的才華得以發揮？一旦「遇人不淑」，抱負就難以伸展了。

不過，在做判斷之前，必須先瞭解公司內部的人際關係。這可以透過公司的集體活動窺知一二。當然，多跟同事交流也是一個好方法。掌握這些資訊的目的不是要不擇手段打入某個團體，而是要避免捲入不良團體。

10 優秀的人才不會輕易倒在刀槍下 卻很容易成為舌頭的犧牲品

小薇漂亮大方，口齒伶俐，剛進服裝公司不久就被擢升為總經理助理。辦公室主任小馬十分嫉妒，一有機會就在總經理面前說她的是非。小薇知道後，認為只要自己腳踏實地，光明正大，就不怕別人打小報告。此外，她不僅沒有反擊，反而經常在總經理面前誇讚小馬。後來，小馬得知小薇的所作所為，甚感內疚，再也不打小報告了。

工作時，難免會與人有利害衝突，甚至得罪人。如果你得罪的是氣量狹小的人，就不得不防他在老闆面前搬弄是非。

1、以「補藥」對付「毒藥」：別人說你壞話，你就說對方好話。無論是老闆或同事，都可以這種方式應變。如此一來，大家反而會覺得你的道德高尚，打小報告的人心胸狹窄。

此外，當你懷疑某人在背後打你的小報告時，千萬不要輕舉妄動。暫時不動聲色，確定是否真的有這回事，萬一冤枉好人就糟糕了。別人不外乎是針對你的工作能力、責任問題、守本分與否等方面攻擊你。只要你盡忠職守，老闆就不會聽信別人對你的批評。

2、以公開對付黑箱作業：將情節重大、顛倒是非的惡劣行徑公諸於眾，讓輿論公評，同時揭露流言蜚語，貶抑卑劣的行為。例如主動公開事實的真相，與打「小報告」的人對質，澄清各種不實的指控，引導大家比較事實與謠言，所謂公道自在人心。

如果你不方便自己跳出來解釋，不妨找一個可靠且值得信賴的人替你出面解套。有時利用第三者來對付這種人，反而可以給人實在的印像，避免越描越黑的風險。

3、以正道對付謠言：愛打小報告的人，通常是利用你的一點把柄，再加以無限誇大並猛烈攻擊。因此，只要你待人處事都實事求是，胸懷坦蕩，公正無私，那麼別人就會尊重、相信你，不會聽信小人的一面之詞。這是避免被人打小報告的根本做法。

11 菜鳥守本分，老鳥就無法趁虛而入

小張剛畢業，進入一家車廠工作。有一天，主任問他，公司要求加工兩種型號機床配件，時間緊迫，應該如何安排。小張表示，最好充分發揮各種設備加工的能力，同時生產兩套配件。主任採納他的建議，並讓他著手組織生產。然而，在配件加工過程中，主任又突然告訴小張，其中一種零件應提早交貨，但無法更改生產計畫，結果只能眼睜睜延誤交貨時間。廠長震怒，要追究主任的責任，主任卻把責任全推到小張身上，並無中生有地說他並不同意這種安排，完全是小張自作主張。結果廠長扣了小張半個月的薪資。小張沒有證據，有苦說不出。

剛進入職場的社會新鮮人，經常會被人利用而不自知。這種情況屢見不鮮，到底應該如何應付呢？

釐清責任歸屬

援助別人於急難是應該的，但還是要考慮到後果，不能無條件地承擔責任，無論是幫助誰。事有大小，責任也有輕重。有的人習慣替老闆「背黑鍋」，等到遭受嚴厲的懲罰，後悔也來不及了。為了防患於未然，平時就應該釐清工作範圍，各司其職。

不要以為替老闆「背黑鍋」就會得到好處，「好處」應該光明正大地去爭取。利用「背黑鍋」的方式去換，既不光彩也不一定可以撈到好處。老闆也許能給你些微好處，但比起「背黑鍋」所受的損害根本就微不足道。

即使日常生活中發生的都是雞毛蒜皮的小事，也要謹慎應對。要懂得保護自己的利益和名譽。有些人經常會求人幫忙出主意，他們表面聽從別人的建議，按照別人的意思行動，但卻不負責任。對這種人，千萬要提高警惕，特別是當他主動徵詢你對某事的看法時，就要注意可能有「陷阱」。

釐清對方的真實意圖

在人生的道路上，做任何事都會遇到很多種人，社會新鮮人更要懂得辨別是非，從身邊人的言行舉動辨識好壞。

一般而言，被別人當槍使的人，都有分析能力不夠、辨別是非能力差、抵制力差等特質，這種人往往處於被動的地位，而主動的人則躲在暗處，操縱別人替他做些不便拋頭露面的事，說些想說又不便在明處說的話，這樣既能保護自己，又能達到目的，可謂一舉兩得。

生活不是一個真空的環境，職場上充斥著各種矛盾，例如加薪、陞遷等利益衝突。從利益的角度看人，比較容易看得清。

12 別讓私人感情影響工作，要與同事風雨同舟

文輝個性倔強，不輕易向人低頭，畢業後進入一家電腦公司工作。他的技術熟練，又具有管理天分，很快就被擢升為機房老闆。最近，他和主任發生爭執，二人旗鼓相當，誰也不怕誰。有一天，主任要文輝安排人打一份重要文件。文輝不買他的帳，故意拖著不做。後來，總經理要帶文件去參加一個重要會議時，發現資料不齊，不禁大發雷霆，斥責主任和文輝，並表示要炒他們魷魚。

在同一間公司工作，本來就無法避免衝突或意見不合。這時，你應該如何應對呢？

1、放棄成見：衝突通常都起因於某一具體事件，但事件完結後，矛盾卻會烙印在彼此的心中，影響到原本的和諧。然而，這樣是無濟於事的，甚至會牽連其他無辜的人，導致業績低迷，損及眾人的權益。因此，一定要對事不對

人，不為過去的事耿耿於懷，豁達的態度是人際關係最好的潤滑劑。

即使對方對你有成見也別在意，因為你與他之間的來往僅止於工作關係，而非朋友之間的友誼和感情。雙方有矛盾沒關係，只要工作沒障礙就好了。工作涉及雙方的共同利益，成功與否很重要。總之，只要達成共識，就不會影響業績。

2、主動釋出善意：與同事發生爭執後，不妨主動拋開成見，善意回應。如果是比較難以化解的誤會，你就要主動找對方溝通，確認你是否不經意做了得罪他的事。當然，這要以你真誠希望與對方和好為前提。不要像有些人表面上講和，實際上卻強硬地陳述自己的觀點，推卸責任。衝突多半因競爭而起，然而，在競爭中勝出的，通常是那些重視分工合作，而不是惡意打壓對方的人。

3、避免與老鳥正面交鋒：資深的同事一定有一些交情好的人，得罪他一個，等於得罪一批人。和老鳥發生爭執時，千萬不要當場吵架，最好等雙方都冷靜下來再解決。客觀地陳述理由，由對方判斷對錯。如果你真的做錯，就要誠懇地道歉。真心認錯，可以塑造良好的形象。

萬一遇到冥頑不靈、執意不肯和解的人，也不要太在意，畢竟問題不在你身上，你只要謹守本分地工作就好了。

13 話到嘴邊留半句，理從是處讓三分

麗麗自尊心很強，卻遇到一些粗枝大葉又沒禮貌的同事，她很看不慣他們的行為舉止。某個下雨天，一位女同事有事外出，拿起麗麗的傘就走。麗麗心想：「怎麼不說一聲就隨便拿別人的東西，太過份了！」她忍住氣說：「妳好像拿錯傘了吧？」女同事回答：「我忘了帶傘，只好借你的用一下囉！」「妳好像沒跟我說要『借』。」「哎喲，還用得著說嗎？我的東西還不是誰愛用就用？」麗麗冷冷地說：「借我的東西就得說『借』，我不同意，誰也不准拿。」沒想到，這件小事改變了麗麗的處境。幾位同事再也不願意理她，不知情的老闆經常提醒她注意與同事之間的關係，根本不聽她的解釋。麗麗忿忿不平地想：「我只不過是在維護自己的權利，難道這也錯了嗎？」

在工作或生活中，我們難免會遇到得罪自己的人。這時，應該如何應對

呢？是針鋒相對，以怨報怨，還是寬容為懷，原諒對方？

讓人一步路自寬

人生有如走路，總會遇到道路狹窄的地方。這時，最好停下來，讓別人先走。只要保持這種想法，就不會對生活有那麼多抱怨了。即使終其一生讓步，也不過百步而已，對人生能造成多大的影響呢？你讓人一步，別人心存感激，也會讓你一步，這一步可能就是通向康莊大道。反之，事事不讓人，別人心懷怨退，就會設法阻礙你，那麼即使一條大路，也會充滿險阻。人與人之間貴乎交心，誠心換來的是真情。

再者，得饒人處且饒人。有些人無理爭三分，得理不讓人；有些人真理在握，得理也讓人三分。前者往往是生活中不安定的因素，後者則具有一種天然的向心力。若是重大或重要的是非問題，值得有原則地追求真理，但在日常生活中、工作中，為一些雞毛蒜皮的小事鬧得雞飛狗跳，未免太小題大作了。

別人願意和你在一起，一定是你有值得親近的特質；別人討厭你，也一定是你有讓人討厭的特質。因此，發生衝突時，不要一味地指責別人，要先反省自己的言行是否有不妥的地方，是否對別人造成傷害。經常反省自己，胸懷自然寬敞。

傷人不要傷心

戰國時代，有一個叫中山的小國。有一天，中山的國君設宴款待國內的名士。當時正好羊肉湯不夠了，無法讓在場的人都喝到。沒有喝到羊肉湯的司馬子期感到很沒面子，結果懷恨在心，到楚國勸楚王攻打中山國。中山很快被攻破，君王逃亡國外。就在他逃走時，發現有二個人拿著武器跟在他後面，於是問道：「你們想幹什麼？」二人回答：「從前有個人曾因得到您賜予的一點食物而免於餓死，我們就是他的兒子。父親臨死前囑咐，無論中山以後出什麼事，我們都必須以死報效君王。」

中山王聽後，感歎地說：「仇恨不在乎深淺，而在於是否傷了別人的心。我因為一杯羊肉湯而亡國，卻因為一點食物而得到二位勇士。」

人的自尊心比金錢更重要。一個人失去少許金錢尚可忍受，自尊心受到損害，卻可能殃及無辜。說者無心，聽者有意。無心的一句話，可能會傷害到別人，甚至為自己樹立敵人。因此，平時一定要謹言慎行。

避免鋒芒畢露

每個人都有好勝心，與人交往時，應重視對方的自尊心，抑制自己的好勝心。好勝心太強，不尊重別人的才能，可能會招致不必要的麻煩。

某顯宦喜歡下棋，自負無可相匹敵之人。某甲是他門下的一名食客，一次與顯宦下棋，一開始就咄咄逼人，逼得顯宦心神失常，滿頭大汗。某甲見對方焦急的神情，格外高興，故意留一個破綻。顯宦誤以為可以轉敗為勝，誰知某甲突出妙手，局面立時翻盤。某甲很得意地道：「你還不認輸嗎？」顯宦遭此打擊，心中鬱悶，起身就走。雖然顯宦有良好的修養，胸襟寬大，但也受不了這種刺激，自此對某甲就有了成見，而某甲則不懂為什麼顯宦不再與他下棋。後來，顯宦為了這個原因，始終不肯提拔某甲。某甲鬱鬱不得志，以食客終其一生。忽略對方的自尊心，克制不住自己的好勝心，小過鑄成了終身的大錯。

遇到必須取勝、無法讓步的事時，也要留餘地給別人。就像下圍棋一樣，「贏一目是贏，贏一百目也是贏」，只要能贏就行了，何必讓對方滿盤皆輸？又如與人爭辯時，以嚴密的辯論將對方駁倒固然令人高興，但也沒必要將對方批評得體無完膚。這麼做不僅對自己沒有好處，甚至會自食其果。與別人發生摩擦時，要先釐清對方的想法，然後在顧及對方顏面的前提之下，陳述自己的意見，留餘地給對方。

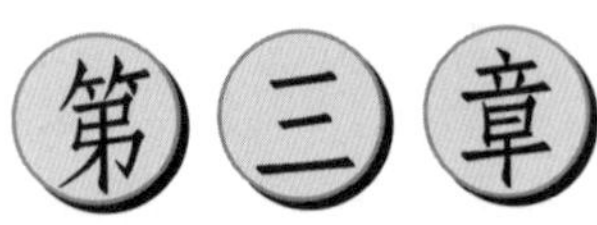

第三章

隨時隨地充電 把握致勝契機

14 完美的履歷是職業護照 讓你在各行各業暢行無阻

小趙空手去一家報社應徵，老闆拿出一份履歷表讓他填寫。小趙沒有多少工作經歷，寫簡單怕不能引起別人的重視，寫詳細又怕費時太多，讓人家久等，最後只好草草交稿。由於應徵的人太多，老闆忙著接待別人，只瞥一眼小趙的履歷就說：「你先回去，我們決定後會通知你。」結果小趙等了一週都沒下文，打電話去問才知道，原來對方已經找到人了。

無論你已有豐富的工作經驗或是剛踏出校門，在跳槽或找工作之前，要先下工夫準備一份完整的履歷。

突出「賣點」

履歷的內容包括年齡、婚姻狀況、宗教信仰、得獎經歷、個人愛好等，但不必將所有內容都詳列其中，除基本情況非寫不可外，其他內容除非與你的職業有密切關係或確實能帶來好的效果，否則都應予以刪除。總之，要提供一目瞭然的訊息和能夠吸引人的資料，也就是所謂的「賣點」。什麼是「賣點」呢?例如會計、編輯等要求精確的工作，做事細心就是賣點。若是企畫、圖文設計等需要創意的工作，創意就是賣點。你可以根據工作性質來決定「賣點」，並強化這項特質。當然，如果你根本不具備某種工作需要的條件，也不宜浮誇，否則即使勉強錄取，也很難做得順利。

撰寫履歷的技巧

首先要註明應徵職位。有些人在寫填履歷時，會在職位欄裡寫上好幾項，以為這樣機會更多。事實上，這只會造成反效果。如果連你自己都不知道想做什麼，對方怎麼會放心錄取你呢？因此，你應該開門見山地表明自己想從事哪種工作或職位。其實寫履歷就是為了獲得面試機會，為了讓未來的老闆瞭解你的目標，所以你應該清晰且明確地表明意向。

如果想改行，那麼選擇就更多樣化了。在這種情況下，你可以在履歷開頭先簡短的自我介紹，讓別人盡快掌握你的專長。

接下來填寫實績。實績在履歷中佔有相當重要的地位，某家就業諮詢公司的高級顧問認為「老闆會藉由你過去的工作成績評價你的能力」。換句話說，如果你能使對方相信你過去的實績，就能夠使他們認同你的價值。因此，一定要發揮想像力，創造一些畫龍點睛的「賣點」，讓別人留下深刻的印象。

如果你剛畢業，沒有工作經驗，那麼不妨寫幾件經歷過的事情，藉此證明自己具有某方面的特質。當然，更應表明自己願意接受培訓，想盡快融入公司體制的態度。

此外，你最好在履歷的最後註明你的學歷及社團經驗。國立大學畢業的學生通常喜歡在履歷中寫上自己的學歷。如果你不是應屆畢業生，最好不要這麼做。因為別人想看的不是你的學歷有多高，而是你本人的能力如何。

避免使用專業術語

切記，要讓「外行人」也能讀懂你的履歷。

多年從事專業工作的人，習慣用專業術語表達自己的想法，但這反而會讓一般人更加混淆。如果你希望自己的履歷能被大眾接受，最好不要在履歷中出現「專業術語」，它們只會帶來不必要的麻煩。

擬好履歷後，建議請值得信賴的人檢視有無問題，但是千萬不要請人代寫，要用自己的語言表達，畢竟參加面試的人是你。再者，你不是在寫論文、報告，不必為自己所做的每件事做總結，你要做的是找出某些重點。因此，履歷的篇幅不宜過長，最好不要超過二頁。

掌握前述的技巧，你的履歷一定會為你帶來更多面試的機會，而不會像其他履歷一樣被任意丟棄在廢紙簍裡。

15 好的開始是成功的一半

大學苦讀四年，凱馨終於畢業了。她的起步還算順利，進入一家人人羨慕的大企業工作。然而，從上班的第一天起，她就發現工作與以前想像中的差距甚遠，而且她很快就知道每個人都有自己的圈子和小集團，他們經常會明爭暗鬥。凱馨困惑萬分，在這種環境中，要如何施展自己的抱負呢？

來到一個新的工作崗位，卻環境完全變了。在這裡你沒有朋友、熟人，也沒有影響力，一切得從頭開始。在這種情況下，應該怎麼起步呢？

「好印象」是最好的裝扮

一般而言，就職前要先對自己即將接手的工作做一番瞭解。無論是否滿意，既然已成定局，不妨欣然接受。再者，到了新環境，你在觀察別人的同時，別人也同樣在觀察你。只要誠懇相待，不虛偽造作、不譁眾取寵，就能給人好印象。

在辦公室或行進間，若遇到同公司的人，都要主動且有禮貌地與對方打招呼。一起工作時，說話也要得體，像「對不起」、「請」、「謝謝」之類的話，要經常掛在嘴邊。運用得宜，會收到神奇的效果。

少說多做

菲律賓有句格言：「閉口則蒼蠅不入。」仔細推敲，不無道理。剛到一個新環境，對那裡的情況知之甚少，只怕言多必失，還會給人不好的印象。最好的辦法是「閉緊嘴巴，少說多做」。

再者，要留心觀察。禿鷲撲食時，會先在空中盤旋，耐心觀察，然後看準時機撲向獵物。獵人狩獵時，會先查清動物行蹤，才決定在何處做陷阱。剛走馬上任的人也是如此，應該留心觀察周遭的人事。觀察是為了掌握狀況，避免繞遠路。觀察要眼耳並用，將你看到的和聽到的匯整起來，在頭腦中歸納出雛形，再決定下一步該怎麼走。

走馬上任的第一天，你最好就要辦妥每件事，擴大你的影響力，才能在新公司佔有舉足輕重的地位。

16

不打腫臉充胖子，要勇敢說不

文華從某國立大學中文系畢業後，進入一家出版社擔任文字編輯。他擔心老闆認為自己能力不足，對老闆的工作安排，總是回答「沒問題」，但經驗不足，做起來總覺得非常吃力。有一天，經理問他能否在15天內編出一本教育方面的書，他又不假思索地說：「沒問題。」然而，他從未編過這類型的書，為了搶時間，書的架構未齊全之前，就草率地開始編排，結果錯誤百出。經理一氣之下，立刻炒他魷魚。

很多人為求表現，無論老闆提出什麼要求，也不管自己是不是有能力做到，總是照單全收，結果卻搞得灰頭土臉，反而讓老闆留下不好的印象。因此，有幾分力就說幾分話，千萬不要自我膨脹。

考慮後果，衡量自己的能力

先聽完老闆交待的事情，再決定是否拒絕。一般而言，急於說「不」或「但是」的人，可能對自己的工作非常熟練，甚至比老闆更為瞭解，只聽到兩、三句提案的內容，就立刻明白問題的重點，然後有意無意地想插嘴，表現「拒絕」和「否定」的態度。這會讓老闆覺得「你根本沒聽懂我想要你做什麼，你不是想拒絕這件事而是想拒絕我。此外，話說到一半就被打斷，會影響說話者的情緒，讓人感覺不快。

想要說服別人，就要聽清楚對方說的話，從而掌握說服的要點。因此，在拒絕之前要先聆聽。聽完問題的所有內容，再掌握拒絕的要點，比較容易說服老闆。

冒然承接工作，很難預測會導致何種後果。一旦自己無法完成，勢必要替其他人帶來麻煩，甚至影響工作進度。當然，就算能力不足，也不能抱著船到橋頭自然直的想法，要盡快找方法解決。

委婉並堅定地拒絕

不要因為怕老闆不高興就不敢拒絕，這樣容易養成畏縮的個性。雖然直接說「不」可能會讓懷疑你的動機，但是與其事後問題百出，不如先表明自己的意願。不過，不能因此就拒絕接受難度較高的工作，難度高不等於無法完成。害怕挑戰，只會故步自封。

另外，拒絕時要注意語氣。很多人在找藉口時會吞吞吐吐，語調也會變得低沈。這種態度反而會讓老闆更質疑你。因此，說明拒絕理由時，務必口齒清晰，說話節奏保持明快。當然，語氣盡量委婉，不可與老闆敵對。

表態後則要堅持自己的決定。表面柔軟，內心堅定。不要被老闆的各種說詞動搖意志。如果你三言兩語就被說服，反而會讓人覺得不可靠。

最後，展現誠意也是拒絕的方法之一。例如表示不敢接受任務是怕影響工作進度等，與老闆站在同一陣線，迎合他的想法，有時反而更容易達到拒絕的目的。

17 大方接受批評，聰明彌補缺失

惠君大學畢業後，進入一家化妝品公司工作。她很珍惜這個工作，做事相當認真。有一天，經理請她準備一份材料，她加班將材料打印出來，直到認為完美無缺才呈交給經理。然而，她經驗不足，材料中有許多漏洞。經理看完很生氣，指責她不夠認真。惠君委屈得流下眼淚，第二天就提出辭呈了。

工作時被老闆責罵是很正常的事，問題在於你要如何面對這些批評。是情緒化地排斥它？建設性地運用它？還是理智地拒絕它？

釐清批評的重點

被罵的原因有很多種，有的是惡意，有的則是出於一片善意。雖然批評是一種負面的溝通方式，但是有助於提供信息、發現錯誤、修正缺點。你可以接受或拒絕，若是出於善意，不妨接受它。具有建設性的批評很容易分辨，可以透過對方的用詞、情緒、態度等來判斷。

不過，在別人提出批評時，一定要聽完對方的話，取得完整的信息，然後再說明自己的看法。在對方說完之前千萬不要插嘴，否則會讓人以為你沒有接受批評的肚量。

應對批評的態度

有些人被罵時會充耳不聞，當成耳邊風，有些人則會為自己辯解，甚至反脣相譏，推卸責任。這些做法都無濟於事，反而會讓人留下不好的印象。因此，當被老闆責罵時，應該先檢視自己的缺點，有則改之，無則勉之。做錯事就要勇於負責，一味的推卸責任只會影響老闆對你的信任。

不過，不必對老闆的批評照單全收，你應該比他更清楚自己的對錯。如果對方沒有證據，你可以否定他的話，千萬不要因為畏懼對方的職位而忍氣吞聲，這樣只會造成惡性循環。

此外，很多人被罵的當下反應是憤怒或沮喪，但這無濟於事，不妨先深呼吸，找其他的事做，暫時轉移注意力。例如散步、打球或聽音樂。等心情平靜下來，思路清晰後，再去思考問題的癥結點。當你一時難以釐清對錯時，可以從批評者的身分或專業來判斷是否具有可信度。當然，你也可以先捫心自問，其他人是否對你有相同的看法。如果同事和老闆的意見一致，那可能就代表你真的有錯。倘若這樣都還無法判定問題所在，建議請對方給你一點時間整理思緒，避免發生不必要的衝突。

18 提高自己的競爭力，才能鶴立雞群

恆毅和浩平在大學時是室友，畢業後一起到某家廣告公司擔任平面設計師。恆毅積極融入公司的氛圍中，並努力累積設計經驗。浩平則趁機玩樂，彌補在校苦讀時失去的休閒時光。在接下來的三年中，恆毅拿到藝術學院的進修文憑，臨摹過數千幅經典設計作品，並向數十位設計專家請益設計技巧。浩平則遊遍各地的名勝古蹟，交過幾個女朋友，參加過數十次舞會。後來，恆毅成為這家公司的副總經理，而浩平依然是一個小職員，如果不是恆毅，他早就保不住飯碗了。

「學如逆水行舟，不進則退。」不隨時充實自己，很快就會淪為爭鬥下的犧牲品。那麼該如何提高自己的競爭力呢？

1、把握機會：知識廣博、經驗豐富、積極進取的人，遠比庸庸碌碌的人容易獲得機會。社會新鮮人只要抓住寶貴的學習機會，提高自己的專業素養，

總有一天會成功。某位商業鉅子說：「我的員工，沒有一個不是從最基層做起的。常言道：『有益於工作，就是有益於自己』。如果所有的社會新鮮人都能記住這句話，一定前途無量。」

2、盡力而為：成功的企業家多半是不求甚解、意志堅定的人，他們凡事要求完美，務求成功。因此，初出茅廬的年輕人想要成功，就要確實投入自己的工作，實事求是，而且要細心觀察，深入研究。

許多社會新鮮人的毛病是喜歡避繁就簡，遇到困難畏縮不前。就像打算佔領敵人陣地的士兵，卻不願動手去破壞敵人的砲台一樣，最後必定會被敵方打得落花流水，無處藏身。唯有不拒難易，勇往直前，才能獲得成功。

3、人在心在：西班牙有句俗話：「人在心不在，穿過樹林不見柴。」有些人總是不關注眼前的事物，在某個領域工作多年仍是門外漢，他們的心思不是放在薪資上，就是想著另一份工作。坐這山望那山的心態，根本不可能把工作做好，更不可能學到東西。反之，工作認真投入的人，只需幾個月就對相關業務瞭若指掌。

在同樣的起跑點上，想要勝出的基本條件之一，就是「用心」。

19 擺脫競爭的痛苦，良性的競爭是成功的原動力

如月在一家公司工作好幾年了，她覺得自己工作認真，就是得不到重用。最近，一位工作時間和能力都不如她的同事得到了提拔，讓她心裡不平衡。於是她遞出辭呈，想藉此引起老闆的重視。原以為老闆會挽留她，沒想到他竟然立刻批准，導致她進退兩難。

競爭有正面的激勵作用，也有負面的消極作用。如果不想辦法解決，日積月累，必然產生不良影響。如何克服競爭壓力呢？可以嘗試下列幾種方法。

破除「比較」的迷思

痛苦往往是比較而產生的。如果你總是跟那些比你陞遷快、生活優沃的人比，當然會產生難以填補的心理落差。每個人都有各自的成長條件，無從比較。要比，就跟自己比。若你的能力比去年強，經驗更豐富，收入也更高，代

表你有所精進。

事情不成功，不肯承認自己有不成功的客觀條件，反而利用各種藉口搪塞，這樣只會增加自己的心理壓力。成功是有條件的，條件不足，就去準備條件，不要怨天尤人。

很多人做事不順，就會嘆氣：「這是命，有什麼辦法？」這種認命的態度不可取，但承認不足的方法卻有可以借鏡之處。

做好失敗的心理準備

社會新鮮人千萬不要為一些小事鬧情緒，更不要一有委屈就想跳槽。容易鬧情緒的人，到哪裡都不會開心。憑一時衝動做出不明智的決定，吃虧的還是自己。

悲觀失望的人在挫折面前，容易陷入不能自拔的困境。樂觀向上的人即使在絕境中，也能看到希望。在競爭的過程中，難免會有挫折和壓力，不妨坦然面對，設法解決，將大事化小，自然能夠順利地度過人生各個難關。

再者，人的智力有限，不能料事如神，失誤和失敗是正常的，所以我們做好承受失敗的心理準備。不過，不能以「人無完人」的理由原諒自己，而應吸取失敗的教訓，繼續前行，勇敢競爭。

適時宣洩壓力

是非對錯當然要釐清，但在日常生活、工作原則等方面，卻無需過分認真，應有所彈性。某位職場達人談到他保持快樂的職業生涯秘訣時，只說了兩個字：彈性，也就是具有適應各種情況的能力。

競爭壓力大時，可以找值得信賴、善解人意的朋友傾吐。聽從旁人的建議，也許可以找到消除壓力的方法。同樣的，你也應該耐心聽別人吐苦水，這樣不僅可以幫助朋友減輕心理壓力，也會讓自己產生被需要的感覺。

另外，減壓的方式還有很多，例如聽輕快的音樂、閱讀富哲理的小詩，或者是每當疲倦時就閉目養神，即使是短短幾分鐘，也可以放鬆大腦。也可以學做一些簡單的體操，鬆弛緊張的神經和肌肉。如揉捏膝蓋、腳指使勁抓地、挺直腰、挺起胸膛緩慢地深呼吸等。在不會影響別人的情況下，完成減輕心理壓力的運動。

萬一壓力真的大到無法宣洩，建議請幾天假，冷靜思緒，再仔細尋找解決的辦法。

20 給老闆一個加薪的理由

建浩生性開朗樂觀，跟同事相處融洽，而且工作認真，頗受老闆信任。不過，他的年資不長，薪資不高。有一天，老闆到附近的花園散步，偶然聽見該公司的兩位職員在聊天。A說：「我今天上午真是忙得一團亂。」B說：「忙也是白忙，我們公司跟公家機關差不多，認不認真都領一樣的薪資。你看建浩，每天那麼努力工作，還不是只拿一點錢。我們就更沒加薪的希望了。」老闆大吃一驚，為了鼓舞士氣，立刻將建浩的薪資調漲一倍。

加薪的秘訣是什麼呢？就是讓自己具備加薪的條件，例如對公司的業績有所貢獻等。如此一來，你就擁有討價還價的籌碼了。

建立個人優勢

一個人的個性能夠決定別人對自己的印象和態度，而且對工作的影響極大。因此，懷抱遠大目標的人，應該努力塑造能夠贏得別人尊重和好感的個性。那麼應該要怎麼做呢？首先，要認清自己的長處和弱點，從各方面檢視自己，例如外表、文化和智慧的有利條件、情緒的穩定性、成見等。不要以為「江山易改，本性難移」，當你意識到自己個性的弱點並決心改善時，一定能有所改變。

自信、自律、重信用且勇於負責的人，走到哪裡都會受人尊重。反之，懶散、不負責任、對公司事務漠不關心的人，絕對不會受到重用。不要將工作看成老闆或別人的事，而要當成自己的事，因為它能帶來經濟、經驗、能力、自信等效益。

其次，要培養自我領導能力。換言之，就是要培養在各種情況下做出正確決策的能力，讓別人對你刮目相看。學習解決問題的技巧，善用這些技巧，直到能夠熟練地運用為止。

盡可能學會多種企業的決策技巧，彌補自己的不足之處，同時反省是否有一些行動會變成你做決策的障礙。盡量消除公司中存在的環境障礙，尤其要抓住機會，活用決策技巧。

最後，要提高語言表達的能力。不能適當的表達好的意見，就得不到別人的重視，反而會給人無能的印象。如果不能用善言表達出善意，就不能感動別人，反而會給人虛情假意的印象。總之，口才是追求成功者的必修課程。

提高工作效率

工作時要以大局為重。從老闆的角度出發，從利潤的方面考量，著手處理面臨的問題。留心觀察同事與公司的目標是否一致，公司提供的福利是否與職員的需求有衝突。要成功，就要學習如何與別人分工合作。在一個企業組織中，除非齊心協力，否則很難避免爭執，而且會浪費精力在無關緊要的事情上。主動對同事示好，不要因小摩擦而留下心結。無論是與老闆或下屬打交道，都要保持一定的原則。

切記要爭取別人的認同，不要做孤獨的鬥士。如果同事們欣賞、喜歡你，老闆就會對你有所顧忌，不敢妄為。反之，如果同事們都疏遠、討厭你，老闆就不可能讓你加薪或陞遷。

效率是分工合作的結果。將工作分解成若干部分，由若干人逐一解決，就可以提高效率。善用每一分鐘、每一分精力，投入工作，並將工作分解，納入計畫表，以最經濟、最合理的方式加以解決。

21 機會是給準備好的人
用行動證明自己的實力，獲得陞遷機會

正義是一位電腦博士，但長時間找不到滿意的工作，因為很多公司擔心他不好差遣。他靈機一動，不在履歷表中註明學歷，只說自己愛玩電腦，結果很快就找到程序輸入員的工作。工作時，老闆發現他能在輸入過程中發現錯誤，並提出實用的建議，認為他的能力不止於此。這時，正義拿出學士證書，於是，老闆安排了一個新的職位給他。不久，老闆又發現他有其他過人之處，這時，他又拿出了碩士證書，於是，老闆又重新調動他的職位。等到工作一段時間後，他才拿出博士證書。結果，老闆就放心地把整個公司交由他管理。

「人往高處爬」，每個人都想陞遷，但光想是不夠的，必須實際具備陞遷的條件。

充實個人能力

能力是梯子，決定你能夠爬多高。仰賴別人用雙手將你托起來，就得時時擔心他會鬆手。當然，能力並不是簡單的觀念，主要有以下四個部分。

1、技巧：能將困難或複雜的技術簡單化。

2、知識：具備相關、組織過的訊息，而且能夠運用自如。

3、態度：表現出高水準的積極情緒傾向和意願。

4、信念：對自己完美的表現有信心。

此外，只憑現有的能力很難陞遷。普通的職員想爬到老闆的位置，現階段的專業技能絕對不夠，而需要具備相應的管理能力，以及熟悉相關部門的知識，才能指揮下屬。盡早學習這些能力吧！陞遷時再學習就來不及了。沒有老闆願意將工作交給一個無法勝任的人。

尋找陞遷機會

並非所有的能力都有助於你的發展，也沒有一種能力可以適用於各種行業。尋求新的發展，意味著獲取新的能力。當然，要以工作為主，清楚掌握自己必須要有的能力，以及促使自己表現非凡的能力。

建議善用下列個人發展技巧。踮起腳尖爭高，不能顯示真正的高度。想要提升自己的地位，必須從根本上做起。

1、明確掌握下一個目標。
2、列出正擔任著你所渴望扮演角色的人。
3、客觀地依表現「成功」和「不成功」將他們分類。
4、分別認識表現成功和表現不成功的人。
5、釐清他們成功或不成功的原因。
6、詢問哪種做法有助於成功，並仔細記錄這種做法的特點。
7、比較「最好」和「最差」的做法，區分它們的差別。
8、在公司之外，觀察你所崇拜的表現成功的人士，歸納結論。
9、參考教科書、自傳等，獲得不同的觀點。
10、記錄崇拜角色的突出能力。

11、比較所需的能力和現有的能力，擬定行動計畫以填補其間的差距。

12、分析能力的關鍵在於仔細觀察已扮演該角色的人，傾聽別人的意見。

陞遷不是個人的事，可能會無形中與其他同事競爭，有時甚至要「踐踏」對方才能穩步攀升。唯有充分自律，在不惡意傷害別人的情況下力爭上游，才能獲得美好的成果。問心無愧者，才算是真正的成功。

22 辭職與應徵同樣重要

永平在一家電腦公司服務四年，與老闆、同事相處融洽。最近不知道為什麼，永平突然提出辭呈。由於他工作已有一段時間，對公司事務瞭若指掌，老闆擔心他離職會影響工作進度，於是以調薪為條件再三挽留。然而，永平卻斷然拒絕，匆忙交接後就離開，導致老闆震怒不已。

無論辭職的原因為何，都容易令人失望和不快。萬一不得不辭職，應該怎麼做才能皆大歡喜呢？

衡量辭職的利弊

明智的人只在辭職對自己有利或不辭職對自己不利時才考慮辭職。如果只是因為「不開心」、「薪資低」等表面原因辭職，而不考慮自身條件，風險相當大。本身的條件不足，到哪兒去找薪資高又滿意的工作呢？當你無法判斷辭職是否有利時，不妨請教有豐富工作經驗的親友，徵詢他們的意見。一般來說，在下列十種情況下可考慮辭職。

1、公司屬於家庭式企業，無論怎麼努力都不可能成功。

2、公司負責人盲目擴大公司規模，未來發展不樂觀。

3、公司不注重開發新產品，業務受限，難有發展。

4、公司營運情狀況欠佳，瀕臨倒閉。

5、同樣職位的薪資比其他公司低約20%以上，沒有調整的機會。

6、優秀人才相繼離開，留下的都是缺乏進取心的人。

7、公司缺乏活力、死氣沉沉，容易被周圍氣氛感染，缺乏鬥志。

8、認真工作或敷衍了事，薪資都一樣。

9、對目前的工作感到厭煩，缺乏熱情。

10、工作簡單，無法發揮長處。

以上只是可以考慮辭職的理由，是否辭職，還是要根據當時的處境決定。

如果辭職會影響生計，不如靜候時機。

做好辭職準備

1、提前申請。按公司規定辦理離職手續，務必提早申請。臨時提出辭呈，會打亂公司的工作進度，破壞原本相處融洽的勞資關係，甚至引來一些不必要的麻煩。

2、有始有終。不要認為自己已經要辭職就對工作得過且過，應該保持有始有終的負責態度，留下好印象。這種好印象可能會影響新公司對你的看法。

3、慎重其事。最好以書面方式向公司提出辭職，不僅是尊重別人，也是對自己的尊重。無論別人怎麼看你，都不能認為自己是個可有可無的人。

4、不留爛攤子。即刻歸還向公司借用的物品或金錢，結束手頭的工作。將剛進公司時負責、敬業的態度，堅持到離職前的最後一刻，這樣才無損於自己的人格。

5、交接清楚。體諒他人，在離職前，務必將公司的業務交接清楚，避免接手的人混亂不堪。

6、禮貌告別。離開之前，要跟老闆、同事逐一告別，感謝他們曾經給你的幫助，不要悶聲不響地「開溜」。

掌握辭職時機

辭職是雙方面的事，要以客觀的態度考量對方的立場。不要以為辭職是自己的事就輕率地擅自決定離職日期。這種一意孤行的做法，會增添對方的麻煩，傷了大家的和氣。一般企業都有旺季、淡季之分，要避免在公司繁忙欠缺人手時辭職，同時要考慮自己的工作性質，確定手上的工作告一段落後才能遞出辭呈。

不要憑一時意氣辭職，應該綜合考慮利弊，以追求自我成長為目的。

總之，想要在事業上獲得成功，不僅要累積經驗和資金，也要累積人際關係，我們無法保證日後不會動用到原公司的關係。不負責任地離職，等於是丟掉好不容易建立起來的關係，得不償失。

第2篇 創業經驗

獨立創業是很多人的夢想，也是值得稱許的志向。不過，創業前要認清現實。當老闆不僅意味著賺錢，還意味著操心、麻煩，以及承擔更多失敗的風險。如果只想賺錢，最好打消創業的念頭。創業有規則可循，掌握規則，將大幅提高成功的機率。千萬不要像盲人騎瞎馬，亂碰亂闖。

完善的計畫
是創業的寶典

23 準備周全，獨立創業非夢事

豐華聰明能幹，抱負遠大，不想一直打工，夢想有一天能夠自立門戶，自己當老闆。有一天，豐華因故與老闆發生衝突，大吵一架後，豐華炒了公司魷魚，自己申請一家小公司。原以為可以大展拳腳，不料商海險惡，豐華的公司不到半年就倒閉，還欠了一屁股債。豐華灰心極了，心想：難道創業那麼難嗎？

從打工到創業，轉變極大。轉變時期有人成功，也有人失敗。失敗的原因主要是急於求成，準備不足。

1、背水一戰：既然想創業，就要有不達目的誓不罷休的決心。天天想著退路，十之八九會失敗。幾乎每個創業者都有一篇血淚斑斑的創業辛酸史。一般而言，事業開始的一年半載，通常會在虧蝕到彈盡糧絕時才有轉機。就像戰爭搶關奪隘一樣，是考驗意志的時候。只要能夠闖過這個難關，必有一番願景。稍有退縮，必會慘敗，甚至嚴重打擊信心，導致很長一段時間都難再有創業的勇氣。

2、學藝賺錢：老闆是一門綜合性的職業，需要具備管理、技術、業務、財務等多方面的知識。「不熟不做」，你絕對不能等到開公司才從頭學習，最好在創業之前先到其他公司偷師學藝。建議選擇規模較小、分工不明確的公司。這類型的公司，麻雀雖小，五臟俱全，有助於得到全方位的鍛鍊。如果要進入大公司，一定要謀到職位高、能涉及各部門的工作，才能掌握各方面的知識。

比其他人更熱心投入工作，做事任勞任怨，處處為老闆著想，凡事自動請纓，這樣不但能為老闆賞識，自己也可以在一定時間內學到更多東西。既然目的不是陞遷，就不必與人競爭，而可以幫助別人，將功勞轉給別人。如此一來，有助於培養良好的人際關係，搜集到各種情報，甚至在離開時帶走得力的人。再者，創業後若有困難，可以找舊同事幫忙。

到目標公司偷師，不僅不須交學費，還可以賺取薪資，學習別人的做事方法。只要私下以自己做老闆的觀點去分析和觀察問題，留意相關人才，那麼學成之後，就可以自立門戶了。

3、識人與用人：想要擁有一批得力的下屬，端視識人的眼光和用人的手段。創業失敗的人非常能夠體會做老闆的難處，但又有老闆的視野和經驗，是不可多得的人才。不過，在人事變幻無常的現代商業社會中，我們很難有充足的時間去觀察和考驗下屬的忠誠。因此，創業者要學會利用各種方法觀察人，並把握「疑人勿用，用人勿疑」的原則。

24 可遇不可求的運氣，不如一套成功的創業計畫

嘉輝先在某公司打工一年，後來與幾個朋友合夥開了家貿易公司。然而，他事先沒做好詳細的籌劃，只想賺大錢，市場什麼賺錢他們就做什麼，今天賣服裝，明天倒鋼材，結果資金、人力分散，難以集中力量，更無法培養固定客戶。勉強支撐一年後，公司負債倒閉，幾個合夥人也「樹倒猢猻散」，各奔東西了。

創業前，一定要先仔細分析自己的情況，擬定周詳的計畫，才能幫助於你找到正確的創業方向，實現創業目標。

1、量力而為：以現有的條件決定要選擇的行業。資金不足就選擇資本低的行業，也可以選擇起步簡單的行業，例如房屋仲介公司、維修服務公司、小餐館、專業服務（如會計師、財務管理、醫療服務）等。當然，這些行業都需要相應的專業技能。

如果你擁有絕佳的創意或某些得天獨厚的條件，更容易選擇創業的方向。所謂得天獨厚的條件是指具有某項專利權、絕佳的地點或現成的顧客基礎。此外，建議你善用別人沒有的資源、展現特殊的才能，甚至有一些能保證成功的人際關係，對創業絕對有幫助。

2、正視風險：「敢於追求最好的結果，敢於承擔最壞的結果」，這是創業者應該具備的基本觀念。有人說：「五年內，十家新店倒七家。」無論是否正確，這個數據還是讓人吃驚。事實上，一個企業若能撐到五年以上，就表示其產品、價格、地點及經營方式已獲得消費市場的肯定。而這些成功的基本要素對草創的公司來說，仍是個未經考驗的未知數。

資金不足和技術缺乏，通常是導致新公司或商店倒閉的兩大主要因素，這兩者都是高度不穩的產物。因此，你一定要有承受高風險的心理準備。

3、評估創意：創意不必新穎、不必獨有，甚至不必是什麼好創意，重要的是，這個創意必須具備市場潛力。下列幾個原則有助於判別你的創意是否擁有良好的市場潛力。

是否合乎實際需求？現在或未來是否有市場？仰賴顧客的需求是否足以維持生計？現在的市場是否已有許多競爭對手？實際可行性如何？技術能否配合？產品或服務的成本是否在消費者能夠或願意負擔的範圍之內？你是否擁有所需的知識及技術？是否有人嘗試做過相同或相似的事，結果如何，為什麼？只要根據上述的原則，評估創意，就能大致了解市場潛力。

4、周密計畫：在充分評估過市場風險後，你就可以開始擬定一個縝密詳實的計畫。計畫的大綱可參考下列重點。

・整體概念。這是尋求資金贊助或人事合作時的基本資料，可以在短時間內讓人了解你的創業計畫，爭取到有利的合作機會。內容應該包括創意內容、獲利潛力及可能風險的評估等。

・產品或服務內容。產品或服務內容的相關資料，包括製造過程中的各項成本、名稱或所需的包裝，以及任何獨特或具競爭力的有利條件。另外，還要記錄產品或服務的保證措施，以及與人競爭時可能會遭遇的阻礙等。

・市場。所謂的「市場」可由大小、區隔、成長情形、獲利率、地點、競爭及人口統計分析等幾項來定義。

例如消費者決定購買產品或服務的過程及何人決定購買，當你瞭解未來消費者的背景後，就能掌握價格和競爭的環境。另外，計畫內容也要說明市場的特點，如銷售方式、市場循環性，以及政府的影響力等。

・擬定工作進度表。進度表應詳載工作內容、執行時間，有時還須列入計畫開始與結束的時間，以及各項工作的負責人等。進度表的內容大致如下：完成產品、服務及包裝的設計、選擇供貨廠商、僱請員工、決定地點、製作宣傳或操作手冊、創意廣告及促銷方案、取得營業執照及許可證。創業計畫如同繪畫，是將想像的圖景透過適當的行動變成真實的圖景。

此外，還有定期的會議時間、與顧客接觸的時間、佈置店面——家具、電話、工具、電腦、文具等。當然，進度表不可能萬無一失，以上僅供參考。

・預算。創業預算要注意兩個重點：現金流通量及財務困難的徵兆。你可以準備一個良好的簿記系統來幫助你每月仔細監控這兩大重點。身為老闆的你，應該盡快學會從每日或每週的帳目中，探測出任何財務危機的警告信號。

5、求人不如求己：創業初期，既沒有員工幫你，也沒有關係深厚的銀行、零售商或供貨廠商贊助，更談不上有固定的顧客群。因此，你一定要開發並建立吸引別人來捧場的熱忱。畢竟在事業初創時期，只有你自己對未來的發展有信心，也只有你自己能執掌成敗大權。

25 聰明投資，賺取創業基金

莉莉大學畢業後，從事書籍的排版工作，每個月只領微薄的薪資。朋友聚會、與戀人外出遊玩，都是一筆不小的開銷，令她煩惱不已：是否有既不捨棄眼前這份穩定工作，又能賺外快的好方法呢？結果，她買了一台電腦，利用自己的專長，在空暇時間接其他公司的設計工作。沒想到在收入增加的同時，也結識不少客戶。後來，她自己開了一家設計公司，憑藉以前建立起的關係，拉攏更多客戶，業績蒸蒸日上。

賺錢是充滿冒險的過程，每個環節都有風險，一旦出錯，可能會慘賠。那麼要怎麼做才能降低風險呢？曾有成功的企業家歸納出三種規避風險的方法，值得借鏡。

1、不任意辭職：很多年輕人一旦有好的點子，就會迫不及待地辭職，躊躇滿志的投入新的創意之中。然而，往往沒幾個月就走向破產的命運，僅有的一點資金很快就消耗殆盡，卻沒有其他收入來補空缺。因此，請不要急於辭去現在的工作，建議在閒暇時間發展你的創意。這種做法有下列幾項優點。

- 不影響固定收入。
- 固定的薪資是資金的可靠來源。
- 創業失敗不會影響你的固定收入。
- 許多賺錢的創意多半源自於你的工作、朋友和經歷。
- 業餘的收入可作為二次投資之用，原本固定的薪資則能維持家用。

當你的資金、創業經驗累積豐厚時，就可以辭去工作，獨立創業了。

2、借雞生蛋：有時必須仰賴投資，如炒股、集郵等來賺錢。當資金不足不得不借錢時，請特別注意以下幾個重點。

- 尋找最低利率和最低貸款費用。
- 釐清本身能夠支付的利率。
- 選擇最長的還款期限。
- 選擇歸還最小的金額。

・小心騙子和可疑的人。

・確實掌握借貸的金額。

・與貸款者見面。

・備妥與貸款者的各種事宜——貸款的原因和金額。

・申請貸款時務必服裝整齊。

・借錢的目的在於賺取額外的收入，不要浪費在無謂的蠅頭小利上。・未充分了解貸款授權書之前，千萬不要輕易簽名。

・如果借貸的錢能用在其他更有利可圖的地方，就不要急著還清貸款。

・切勿延誤還款時間。按照還款有助於提高你的信用度。

3、雞蛋不要放在同一個籃子裡：「雞蛋不要放在同一個籃子裡」，能有效分散風險，被投資者奉為圭臬。

如果業餘投資能夠同時發揮作用（例如既炒股、集郵又買基金），賺大錢的機率就會更高。多種投資方法會讓人始終興趣十足地保持源源不絕的創造力，很少人會因為失去興趣而轉移賺錢的目標。每一個投資方案都有助於拓寬閱歷，並有效地將業餘時間轉變成一天中最有收穫的時間。

再者，雖然業餘投資可以增添生活樂趣，但千萬不可顧此失彼，擔誤本業。在翅膀未豐之前，本業還是你安身立命的基本途徑。

26 找對籌資管道，踏出創業第一步

文彬是貨車司機，他很想自己開一家運輸公司，可惜資金不足。於是，他邀請另外兩位司機朋友合夥。他們三個人的錢加起來只夠買一輛車，於是他們用這輛車去向銀行抵押貸款，又買回一輛車，然後再用第二輛車去向另一家銀行抵押貸款，又得到買一輛車的錢。結果，他們用這種方式經營起運輸公司。幾年後，公司不僅擁有十幾輛車，而且還清一切債務。

籌集資金有下列數種管道。

1、要賺錢先省錢：想創業，就要養成勤儉的習慣。累積資金，是籌措資金的首要渠道。只有充分合理地運用資金，不斷生產及提高盈利水平，形成「生產—累積—再生產—再累積」的良性循環，資金才能取之不盡，用之不竭。

2、向親友借錢：這是一般人創業時最容易想到的方式，但最好不要選擇這種方式，否則弄巧成拙，容易破壞彼此的感情。另外，在開口借錢之前，應讓對方知道用途，由對方評斷你是否有能力償還。切記，向親友借的錢務必要確實清償。

3、尋求其他合資夥伴：個人的資金有限，若能集合其他的資金，就可以籌措到一筆較大的資本。股份合資可採用少數人的合股。

4、向銀行貸款：現代人須打破只依靠「個人資金」經營的傳統觀念，樹立借貸經營的金融觀念。在市場經濟條件下，利用銀行貸款經營有助於挹注個人資金經營。

前往銀行說明貸款的事宜時，銀行借貸人員會對借貸人進行如下的調查。

- 根據借貸人現有的資金情況及償還能力，決定借貸金額。
- 借貸人借款的用途，是否用於正當管道。
- 貸款人業務範圍及未來的盈利預測。
- 根據是否挪用貸款用途，決定繼續貸款或拒絕貸款。

・貸款有無擔保人，擔保人是否有償還能力。

5、典當借款：曾經沒落的典當行業，在市場經濟的浪潮中又悄然復甦了。典當是變相的銀行信貸。有人認為，向親友借錢全憑親疏，甚至有破壞感情的風險，不如進當鋪，至少可以擺脫「人情」的包袱。

6、租賃：租賃是一種契約性的協議。一般分為經營租賃和金融租賃二大類。經營租賃是指房屋建築、機器設備、儀器儀表及運輸工具等的租賃。金融租賃是專門解決資金問題而採取的租賃，亦稱融資租賃。以租賃為籌資管道的好處在於，創業初期不必籌措大筆資金購置固定資產，只要支付為數不多的租金即可獲得所需設備，可一邊生產一邊盈利，甚至一邊償還租金。

27 挑對地點，創業成功一半

玉芳工作數年，累積了一些資本，打算開一家服裝店。她租了市中心一個店面，重新裝修。她對服裝很有品味，服務也很親切，但是生意卻不如想像中的好。顧客寥寥無幾，買的人更少。玉芳百思不解，於是去請教專家。結果對方說：「妳選的店面位置不對，周圍沒有其他服裝店。只有你一家小店，可挑選的種類少，顧客無從比較，當然不會上門。」玉芳原以為自己的店沒有競爭對手，生意會更好，卻沒想到原來觀念錯誤。她當機立斷，將店遷到許多服裝店聚集的地方，生意果然越來越好。

就像作戰要佔領有利的地形一樣，選擇最合適的地方，事業等於成功了一半。一般而言，各城市都有五種基本的地域類型：

1、中心商業區：它是城市的中心地帶，是主要商業活動的集中點。這個地區的主力是百貨公司等大型商場。商品種類繁多，規格齊全，客流量大，而且顧客群多半是有相當消費能力的人。如果這個區域有小店面出租，只要你手中擁有足夠的資金，再小都應該想辦法爭取到手。你可選擇專營高檔貨或快餐食品等效益較高的事業。

2、次級商業區：中心商業區的外圍或邊緣地帶。這些地方的租金和不動產價格比中心商業區低廉，交通較不壅塞，行人也稍少，所以這裡多半是帶有娛樂性和優雅氣氛的商家，例如娛樂場、咖啡廳、舞廳、健身房、家具店等，對顧客有很大的吸引力。

3、聚集商店區：一般專賣同類型的商品，為同一個階層的顧客服務，如五金、生活雜物、水電、寵物等。

4、住宅商業區：住宅區的中心商業區，可吸引步行或騎車的附近居民。商店多為顧客提供方便的貨物或個人服務。街坊區通常適合開辦二十四小時營業的飯店、修理店、花店、水果行、蔬菜行、理髮廳、乾洗店、煙酒店、日用百貨店等。

5郊區：對某些企業來說，位置與成交額沒有絕對的關係，他們可以透過郵購、運送專車等向顧客提供商品服務，例如郵購、製造業、加工業等。因此，如果你想開小工廠、小車行等，不妨選擇租金低廉、安靜開闊的郊區。

位置重於規模

一旦決定開店，就要對選擇地點進行全方位的考察，掌握該社區的人口數量、結構、經濟發展狀況、生活水平、消費習慣、其他商店的狀況，甚至學校、就業、交通、地形等都很重要。仔細權衡各個地點的利弊，選擇最適當的地點。這樣你才能贏得更多顧客，使業績蒸蒸日上。

28 讓人印象深刻的店名或公司名

u名頭v更容易叫響

火軍小名「火火」，開了一家冷飲店，以自己的小名為店名，命名「火火冷飲店」，希望「生意火紅」。沒想到開業後生意卻很冷清。朋友勸他：「人家是熱得慌才來吃冷飲，一看見「火」字心裡就煩，不如改個店名。」火軍認為有理，改成「清涼冷飲店」，果然門庭若市。

為店鋪命名的基本原則是名副其實。通俗、容易讓人產生好感的店名，有助於增加來客率，重要性不亞於選擇一個好地點。到底有什麼命名的訣竅呢？

1、點明店鋪的性質和營業項目：例如「內衣專賣店」。「內衣」是經營項目，「專賣」是性質。「鐘錶修理店」，「鐘錶」是範圍，「修理」是性質。

2、點明服務對象：例如「婦幼用品店」、「盲人用品店」、「學生參考書店」等，點明服務對象分別是「婦女和兒童」、「盲人」、「學生」。當然，身體沒有殘疾者也可能到盲人用品店購物。

3、點明服務特色和風格：例如某快餐店名為「狼吞虎嚥」，意味著非正統的速食；咖啡廳命名為「尋夢園」或「星夜蜜」，意味著服務高級或格調高雅。「狼吞虎嚥」不適合淑女或紳士，但對飢腸轆轆又急於趕路的人而言，卻是一大福音。

4、點明老闆身分或特徵：例如「甜姊兒美食店」、「帥哥美髮廳」、「鬍鬚仔檳榔店」。「甜姊兒」點明老闆是甜美的女孩兒，「帥哥」點明老闆瀟灑帥氣，「鬍鬚仔」點明老闆可能有濃密的鬍子。不過，如果取名「鄧麗君歌廳」或「周潤發健身院」之類的店名，一看就知道在譁眾取寵。

5、點明營業時間：例如「全天候餐館」等，向顧客表明你的服務時間是全天無休的。

6、點明店面的大小、方位：例如「小不點髮廊」、「轉角加油站」。「小不點」店面雖小，但顧客一看店名，就會產生一種「小巧可愛」的感覺；「轉角」則讓司機每到那個轉角，就聯想到有個服務周到的加油站。

7、點明價格：例如「十元商店」。點明全店大部分販售十元商品，如各

29 投資方向決定成敗

小敏是某公司職員，待遇不錯。聽別人說炒股票可以賺錢，看了兩本有關股票的書後，躍躍欲試。她從小道消息得知很多人買某支股票，認為該股價位會上揚，立刻大量買進。不料，第二天那支股票跌停，一下子就被套牢。小敏不服氣，繼續玩股票，短短三個月，就把自己幾年來的積蓄都賠了進去。後來，她向朋友借了一筆錢，辭職專玩股票。因為她覺得之前的失敗是工作分心造成的。然而，幾個月下來，小敏不但未能賺回老本，連借來的錢也賠下去，後悔莫及。

資金只有投向最能獲利的地方，才可以達到利潤最大化的目標。盲目投資可能會血本無歸。一般來說，民間投資方向具有下列的特點。

1、大型不如小型：大型標的穩固後，單位成本低，技術基礎強，容易形成支柱產業，但是資金需求量大，管理經營難度高。因此，一般的投資者最好選擇投資小、見效快、技術難度係數低的投資標的。

2、重工不如輕工：重工業投資週期長、耗資多、回收慢，通常不是民間資本競爭的領域。加工製造和經營輕工產品風險小，立竿見影，較適合民間資本。

3、用品不如食品：民以食為天，食品市場大，幾乎是持久不衰，而且食品業投資可大可小，容易切入，選擇空間大。反觀一般的生活用品市場，顯然沒有這麼多優勢。

4、男人不如女人：西方商界有句話：「做女人的生意，掏女人的腰包。」根據市場調查顯示，社會購買力70％以上掌握在女人手中。因此，在消費品領域投資，無論是生產或銷售，只要將客戶群定位於女人，將會有更多的發展機會。

5、成人不如小孩：兒童消費品在市場中頗具潛力。這個市場彈性大，隨機購買力強，加上兒童容易受廣告、情緒、環境的影響，所以前景看好。

6、綜合不如專業：品種豐富、大眾買賣，幾乎已經成為一般投資者的思維模式。市場經濟是綜合化發展的，必須注重宏觀、不可輕忽的態勢和整體格局，而微觀領域往往要靠專業化取勝。專業化生產的流通具有技術優勢和批量經營的特色，在競爭中佔有一席之地。

做生意最好選擇自己熟悉的行業，陌生的領域風險太大。

7、內地不如沿海：雖然內地資源豐富，投資市場潛力大，但是沿海投資環境好、資訊發達、交通方便、資金流動性強、市場活躍，所以投資沿海地區的成功機率較高。以中國大陸為例，遼東半島、膠東半島、長江三角洲、珠江三角洲、雷州半島、閩南三角洲等，目前仍是相當被看好的的投資地區。

8、購屋不如租賃：投資不一定要從頭開始，經濟發展到一定階段，許多投資項目都可以利用現成的人才、設備、廠房、店面，甚至是管理機構，藉此可節省資金。

當然，以上只是投資的普遍規律，實際決策還是必須根據自身條件和對當時形勢的判斷來決定，前提是不要從事自己不熟悉的產業。隨著經濟的發展，投資領域變得越來越寬廣。除了傳統的投資領域之外，你還可以選擇股票、房地產、期貨、債券、外匯等。

第五章

瞭解遊戲規則
輕鬆掌握市場機制

30 無風險不成生意，風險隱藏在利益背後

明新在某山區的公家機關工作，他發現下山做生意的人越來越多，於是也辭職開了一家裝潢店，專做牌匾。後來，他見很多人紛紛跟進，評估這行難有發展，而改做花籃。他的花籃店是該區第一家這類型的店，結果生意興隆。其後，別人見做花籃賺錢，又紛紛跟進。明新立刻轉向，開了一家室內裝潢公司。當時，很多建商大量蓋新房，使得明新又賺了不少錢。現在，雖然新開的裝潢公司很多，但是明新已經實力雄厚，專攬大工程，其他小老闆根本不是他的對手了。

「無風險不成生意。」生意風險是每個創業者考慮的重點問題。所謂風險，是指企業在採取某項行動時，事先不能完全肯定會產生某種後果，只知道可能產生的幾種後果及每一種後果出現的概率。概率就是指隨機事件發生的可能性大小的量。

風險與利益並存。一般而言，企業的經營風險與盈利成正比。逃避風險意味著逃避利益。發現風險，避開風險損失，找到隱藏在風險背後的利益，是成功的必然途徑。

以下是創業者經常遇到的一般風險。

1、買方或賣方的風險：簽約後，買方或賣方都有風險。對賣方來說，他們簽訂一份合約後，就必須按照合約的要求生產，面臨買方因不按時履約、不履約及不付貨款而導致貨物積壓損失的風險。對買方來說，也同樣面臨賣方不能按質、按量、按時交付合約所規定的商品而導致打亂經營計畫、蒙受損失的風險。

2、買方或賣方本身的風險：這類風險指買方企業或賣方企業簽完交易合約後，因企業本身決策失誤，例如市場調查不透徹、計畫不周全、管理不善、資金不足或其他原因，導致不能按時履約或無法履約，迫使對方提出索賠的風險。

無論是來自何方的風險，都可能重創剛起步的企業。總之，一定要睜大眼睛，學習如何規避創業風險，將可能的風險減至最低，防患於未然。

31 借鑒他人得失，降低創業風險

立明精明又冷靜，剛開公司時，朋友都勸他做時下正熱門的網路生意，但他卻力排眾議，選擇了廣告公司。因為他自己是學設計出身的，又有一個得力的助手跑業務，從事廣告業比較有把握。結果不到一年，他的廣告公司業績蒸蒸日上，培養不少固定客戶。當眾多網路公司不景氣時，大家都對立明的先見之明稱許不已。

當你為創業四處奔波籌措資金時，多少會有朋友或長輩提出中肯的建議和經驗供你參考，他們擔心的就是風險問題。到底如何才能避免創業風險呢？

1、避免期望過高：大部分的人都佩服有勇氣自己開創事業的人，但是不能將勇氣和無所畏懼混為一談。對失敗心存畏懼很正常。創業投資的出資人知道在慘淡經營的年頭，畏懼失敗是最大的刺激與動力，它能讓活絡你的創意，產生更大的創造力。

2、重視競爭對手：認真評估競爭對手，不可等閒視之。你的工作成果取決於競爭對手的努力程度。當然，你的業績也有可能因為對手的努力而減少。不過，埋頭苦幹，忽視競爭對手，是絕對不可能成功的。

3、不當錢奴：健康的心態是成功的基礎，投入資金永遠比不上投入心力。有人投資百萬、千萬創業卻慘賠，而很多白手起家的人卻能成為百萬富翁。因此，只有理想和目標才能解決問題，金錢只是促其實現的工具。

4、計畫確實：有的人創業計畫編得頭頭是道卻窒礙難行，導致創業流於空想。成功是行動的結果，而不是計畫本身。

32 訂定具體目標，掌握成功方向

瑞文在創立公司之際，就擬定了創業目標和實現目標的詳細計畫，並充分考慮可能遇到的困難。由於他準備充分，所以成竹在胸，公司很快就步入正軌。最初的勝利帶給他十足的信心。當該產業不景氣時，許多同行不是紛紛落馬，就是匆匆轉投其他產業。瑞文則因事前就預估到這種情況，所以面對困境毫不慌亂，採取適當的應變措施，度過最艱困的時期，最後他的公司成為該產業裡的佼佼者。

好的開始是成功的一半，以下是制定創業目標的幾個基本原則。

1、重新審視目標：重新審查自己列出的各項目標。數天至數週內須完成的當成短期目標，數週至一年內須完成的當成中期目標，一年以上才能完成的當成長期目標。在評估的過程中，若發現有的目標短期內不能做到，可彈性調整，降低目標難度。例如一年內無法賺到五十萬，就降低至二十萬，將五十萬改成長期目標。

2、確定開始與完成日期：要明確指定開始與完成的日期。越早開始，越能盡早實現自己的目標。完成日期只是預估值，可能會早或晚於這個時間才達成目標，但是你會發現確切的日期可以帶來動力，同時幫助你避免延遲，使計畫變得更有效率。

3、預期回報：想像達到目標之後的回報。每天想像成功之後的情景，會更有動力執行計畫。例如目標是賺五十萬，那麼就想像賺到五十萬後的用途。為工作奔波時，不妨幻想一下達到目標時的感覺，絕對能夠減輕壓力，使心情開朗。

4、掌握起點的情況：起點是指開始制定目標的第一天。簡單審視當下的各項條件，這是制定目標非常重要的一環。每工作一段時間，就回頭檢視，有助於改善缺失，並激勵你訂定更多的新目標。

5列出達成目標的具體步驟：認真思考計畫並列出達到目標的具體步驟。在思考的過程中，先寫下所有想到的有關達到目標的任何步驟，不要對任何想到的事進行評價，只要客觀記錄腦海中的各種想法，然後再進行篩選。事實上，在列出具體步驟的過程中，就可以開始行動了。輕鬆的執行，在進入最終階段時，你會發現導致結果的各種步驟自然的浮現出來。

6、列出可能遭遇的困難：列出所有可能遭遇的困難。並非所有的困難都是消極的，視你如何看待它。只要確實記錄並加以克服，就不會成為困難。困難經常代表優勢或機會，甚至隱藏著意想不到的好運。所謂「危機」，就隱藏著「機」會。有人說：「沒有機遇的困難是不存在的。」

列出困難的同時，也要列出解決的方法。樂觀面對困難，就可以從遇到的困難中找到更多機會。積極、輕鬆地分析困難，機會和解決方法更顯而易見。從自我實現的角度來看，所有的成就來自於征服困難。成功與否不應以取得多少成功來衡量，而應以在爭取成功的過程中克服多少困難來計算。

7、堅持到底：堅持就是勝利。一旦你堅定、義無反顧地投入工作中，再難的問題也會迎刃而解。例如小孩子學走路，跌倒再多次，只要堅持到底，最後一定能夠學會。沒有目標的團隊只是烏合之眾，群策群力於明確的目標上，是致勝的基本條件之一。

然而，現代人似乎將別人的意見看得比自己還重要使得我們對自己的評價越來越多來自於外界而非自己，結果開始依賴別人的想法來做決定，而且無法認同自己。

美國前總統喀爾文·柯立芝曾說：「世界上沒有任何東西能代替堅持到底。聰明不能，因為世界上失敗的聰明人太多了；天賦不能，因為沒有結果的天賦只不過是一句固定的成語；教育程度也不能，因為世界到處可見受教育的傻瓜。只有決心和堅持到底才是萬能的。」

33 慎選創業夥伴，熟悉遊戲規則

東陽手中有一些資金，想成立一家顧問公司。因為不懂業務，所以他找了幾位精通業務的朋友合作，成立股份公司。然而，東陽缺乏創辦股份公司的經驗，在公司決策、人事安排、利潤分配等問題上，經常發生糾紛。結果他的股份公司像不受控制的小艇，搖搖晃晃地行駛在波濤洶湧的大海中。

新公司成立的初期階段十分重要，公司的格調和形態都會在這段時期成形。在這個階段，進入公司的主要幹部及普通員工都有不同的動機。有人是為了獲得個人發展的機會，獲得成就感。有人為了賺錢，也有人既要賺錢，也要求成就感。如果主要創業股東對企業的期望不一致，就很難避免發生衝突。

1選擇創業股東：新企業的理想投資人和主要幹部，應該根據企業未來成功所需的條件來選擇。從認識的人當中選出來的創業股東，很少會成為最佳組合，即使是同事、同學或親戚。

想要成就一番事業，一方面需要得到親朋好友的支持，一方面又要按照理想，尋找看法一致、能夠幫助實現目標的人才。最適當的方法是，請親朋好友投資，但將管理權交給懂管理的人。

2、聘請顧問：公司的發展無法靠運氣，需要各種管理的專業知識，同時還要熟悉政府政策和法律規章。因此，必須尋找能提供協助、資歷符合的會計師和律師。身為現代的企業家，你不必凡事皆知，但是要知道從何處找答案。另外，為了做好財務計畫，你還需要精於理財的人，尤其是初創企業和中小企業的財務規畫，曾經協助其他新公司創立的人最是最佳人選。

3、集思廣益：在現今這個競爭激烈的世界中，單靠個人的智慧很難成事，集思廣益才是捷徑。另外，新企業的主要創業股東在做決定時，應該保持中立、客觀，不能唯唯諾諾。

4、不以股代薪：在企業初創階段，有的人會以股票代替薪資，激勵管理人員，但這是不恰當的做法，因為這樣可能會使股票落入將來不得不開除的人或不適合做投資合夥人的手中，而且可能還要將發出的股票重新購回，有的股票甚至會落入競爭者手中，使得他們有權得到公司的營業資訊。因此，絕對不能讓初創時期的管理人員得到公司的股票。

在新企業的資金周轉正常之前，公司的所有權及未來報酬，一定要以能對企業做獨特和直接貢獻的主要人員為前提，而在公司初步穩定之後，也要經過深入、詳細和長期的分析，才能進行第二階段的資本募集。

5、切忌用人唯親：董事會的主要工作是協助並鼓勵企業最高老闆的工作，並在必要時將之撤換，從而追求股東期望的利益。一個組織健全的董事會，不必花很大的代價就可以擴大新公司的管理視野。如果有一、二個具有適當背景的人參加董事會，可以使公司初期的地基更為健全。若是用人唯親，將不勝任的人安插到管理層，等於是拆自己的台。

34 聰明選擇工作夥伴，不做吃力不討好的孤獨英雄

佳穎想自己開公司，她自知勢單力薄，就力邀大學同學立昌來當總經理。立昌個性活潑，交遊廣闊，而且有識人之能。他加盟後，找來一批朋友擔任部門老闆。結果，公司剛開張就人才濟濟，沒幾年就發展成一家頗具規模的中型公司。

獨立創業的人，應該僱用有成功經驗且符合公司價值觀的人。經驗能夠增加知識的深度，只要觀察一個人過往的成績，就知道他未來可能的成就。主要人員的選擇標準，應該列在經營計畫中，也就是構建企業的藍圖中。經營計畫應反映出運作目標、公司文化，以及主要參與人的意圖。新進員工的興趣和能力，一定要符合這三項要求。

以下是具體聘用主要人員的原則。

1、透過現象看本質：企業家傾向於看到別人好的一面，因為這樣可以營造融洽的工作氛圍。不過，前來面試的人多半口才不錯，你必須撕開偽裝，直逼核心，例如釐清這個人過去的幾年中究竟做了什麼，有什麼成就。利用應聘者提供的履歷作為提出問題的參考，深入瞭解對方過去的成就。通過面試後，你更應該徹底掌握求職者的過往記錄，以及他本人的想法。

2、調查對方的經歷：打電話給求職者以前公司的老闆，詢問這個人的工作表現，然後根據得知的資料修改你的記錄。當然，要考慮該老闆因下屬辭職而不滿、提供不利情況的可能性。另外，你要特別注意求職者的態度和人品。雖然你不必尋找一個能夠完全順從公司的人，但是在小公司中，同事間相處的情形非常重要。你對一個人瞭解得越多，越能夠引導他在公司中稱職地工作。

3、狀況測試：在進行面試時，可以提出「當……時，你應該怎麼辦」這類的問題。「狀況測試」可以協助你分辨哪些人具有真才實學，哪些人只是在自吹自擂。

4、安排多次面試：無論你有多精明，還是會有看錯人的時候。這時，你應該讓別人協助審查你所考慮僱用的人員。你的同事可能比你更能洞悉應聘者潛藏的缺點，可替你挑選出能夠幫助你「成大事」的真正人才。最好多安排幾次面試，利用你的下屬、顧問、其他創業者及可信賴的朋友對求職者進行面試，減少你的主觀意見。

5、建立企業文化：公司的文化核心是公司價值觀。公司展現的往來禮儀、外部形象等反映了「可見的價值觀」，而「隱藏的價值觀」通常出現在沒有「可見的價值觀」的細節。一個公司經過一段時間之後，就會有一些可見的和隱藏的行為準則印入員工心中。無論這些準則好或壞，工作場所中的行為會逐漸凝結成某些被人普遍接受的規範，新進人員則容易觸犯這種規範。每個公司都有一種文化，但不是每一個把公司建立起來的管理團隊都能營造他們理想的企業文化。

一般而言，某種文化在公司落地生根後，就很難改變。因此，最聰明、最理想的方式是在公司早期，就有意識地訂出必要的價值觀。接著，透過管理人員、各級老闆、各種活動及獎勵制度等，培養需要的文化。

構建企業文化是一種具有報償性的經驗，而且很有趣，能帶給你極大的滿足感。不過，要培養和維持某種「企業文化」，必須做有意識的努力。

35 員工與公司是生命共同體 適當的獎勵能夠讓員工甘心賣命

嘉明是很自律的老闆，創業之初，壓力大，每天熬夜加班，他希望員工也一樣任勞任怨。沒想到，員工紛紛辭職，因為他們認為嘉明的要求太嚴苛，只顧自己賺錢，不管員工死活。嘉明很苦惱，卻束手無策。

現代企業管理已經從以物為中心的管理轉向以人為中心的管理，越來越突出人在企業生存和發展中的作用和力量。人成為管理中心後，適時的獎勵自然就成為管理工作的核心之一。想讓員工樂於賣命，必須實行有效的獎勵。

物質獎勵

根據心理學家馬斯洛（Abraham.H.maslow）的需求層次理論（Hierarchy of Needs），人必須有足夠的物質基礎以滿足最基本的生理和安全需求。因此，物質獎勵往往是管理者最常用的鼓勵方式之一。不過，物質獎勵不能千篇一律，應視不同的情況採取不同的方式。一般有以下兩種方式：

1、直接的物質獎勵。例如某公司為了激勵員工的積極性，制定許多物質獎勵措施。亦即隨著公司盈利增加，逐步調漲員工薪資。公司不僅以眼前看得見的利益為手段，而且還給員工希望，藉著這種方式鼓勵員工。結果，因為這一系列直接而有效的獎勵措施，這家公司的業績蒸蒸日上。

2、間接的物質獎勵。提高薪資對管理階層而言，不一定有吸引力，可以採取股票分紅等做為間接鼓勵。例如訂定一個門檻，當經理級的主管達到要求後，可分若干股票。公司營運佳，股票價格上升，管理者就可以高價拋售股票，賺取收益，形成一種良性的循環。

精神獎勵

精神獎勵的依據是，個人在滿足一定的物質需要後，會產生一種更高境界的需要——自我實現的需要，即充分發揮自己的潛能。只有在工作中完全展現出自己的才能和價值，才能獲得最大的滿足感。

1、尊重當成鼓勵。有一天，某公司的大門守衛老李接到通知：請到貴賓室開會。滿腹疑問地到貴賓室。沒想到，公司老闆們早就恭敬地站在貴賓室前等候，儼然是接待外賓的陣仗。貴賓室裡同時還有其他被通知前來的守衛，大家同樣感到莫名其妙。這時，總經理向他們深深鞠躬致謝，說道：「謝謝你們守護這個公司。」老李激動地說：「我們只是看門的，沒想到公司竟然這麼敬重我們，以後我們一定要更努力工作。」

從此以後，公司大門守得滴水不漏。守衛們對進出人員、貨物一律按制度嚴查，絲毫不含糊。晚上值班時，門裡門外都有人巡視。

每個人都希望被尊重，一旦這種需要得到滿足，其帶來的充實感將比物質上的鼓勵更強烈。讓企業的普通員工參與企業的管理活動，也是精神獎勵的重要方式之一，它是獎勵方式的昇華。

2、以企業精神鼓勵員工。美國某著名管理學者認為，管理不僅是一門學問，更是一種「文化」，有自己的價值觀、信仰和語言。現代企業管理中，最有效的管理方式是逐步運用到「企業精神」鼓勵員工。將外鼓勵轉化為內鼓勵，實現鼓勵的最高境界。

轉化為內鼓勵的原因有二。一是外鼓勵有自身無法克服的缺點。外鼓勵只對一部分員工有用。外部力量鼓勵，只能維持一般的工作效率，維持企業的一般營運，無法激起員工的主動性和積極性，很難大幅度提高工作效率或開拓企業的新局面。二是內鼓勵具有無可比擬的優勢。它可以依靠員工認同的目標、理想、信念等精神因素去強化自己的工作動機，激發自己的工作主動性、積極性，創造出人意料的奇蹟。

3、把自我實現當成獎勵手段。自我實現是滿足需要的最高境界，採用適當的鼓勵方式，滿足員工的這種需求，可以收到很好的效果。

情感獎勵

情感獎勵既不是以物質利益為刺激，也不是以精神理想為導引，而是以個人與個人或組織與個人之間的情感聯繫為手段而採取的一種鼓勵方式。情感獎勵主要是透過調節人的情緒來實現鼓勵的目的。

美國某機械公司成功地運用情感獎勵方式，使兩萬多名員工中，既無工會組織，也無罷工、怠工和勞工糾紛的情形，因為該公司採取了下列幾項措施。

1、無解雇之憂，視員工為一家人。介紹想離職的員工到其他公司工作，同時歡迎離職員工再回來工作。

2、不限退休年齡，重視資深員工。

3、不必打卡，勞資之間互相信任。

4、員工不計較薪資，因為公司能夠使員工維持中產階級的生活水平，不根據制度發薪資，而是採取父親發給子女生活費的形式。

5、薪資是保證和穩定生活所需，而不是勞動代價的標誌。

6、公司無所謂加班、不加班，因為員工具有大家庭的意識，他們把加班當成自己的家務事。

7、公司沒有工會。

由此可知，員工不覺得自己是公司賺錢的工具，而把自己當成公司大家庭中的一員，養成與公司同舟共濟的觀念。

36 創業初期務求斤斤計較，養成節儉好習慣

健民果敢能幹，網羅一批精英，創立一家網路公司。在他苦心經營下，公司財運興隆。然而，健民熱愛交際，經常「揮金如土」，導致員工也養成講究排場的作風。後來，當網路公司普遍不景氣時，健民的公司業績逐漸下滑，支出卻居高不下。沒多久，公司就開始出現赤字了。

精明的老闆總是把一塊錢當兩塊錢用，把錢花在刀口上。不該用的，一塊錢也不多花。身為一名老闆，任何時候都要精打細算，考慮如何降低成本，減少支出，避免不必要的開銷。

1、只買非買不可的東西：一般人的消費心理通常存在著「可買可不買」與「非買不可」兩種心理。節儉的人只買非買不可的東西，奢侈的人則經常買可買可不買的東西。後者為了一時方便，可能購進某些昂貴的東西，而且只用過一次就閒置。這種用錢方法就像不關閘門的水庫，永遠也蓄不滿水。

2、慎防比較心理：慎防各部門或員工之間的比較心理。例如人事部要求增購一張桌子、六把椅子和一個茶几。對人事部來說，添購這些辦公用品有助於提高公司形象。不過，一旦你批准就後患無窮了，因為其他部門可能會想要「比照辦理」。因此，對於員工的要求一定要特別注意。

3、親自審核：如果公司某項支出不斷增加，最後一定會影響到其他開支。例如硬體設備，如電腦、印表機等，除非必要，否則絕對不能無限制地增加。增購新設備時，你最好親自審核，確定有其必要性再批准。

37 任何產品都有市場 但不是任何產品都能打開市場

英國和美國兩家鞋廠的推銷員，幾乎同時來到赤道附近的一個島上進行市場調查。兩天後，英國鞋廠的推銷員發電報回總部：「這個島上的居民都光腳，這裡沒有市場。」而美國鞋廠的推銷員經過幾天考察和分析研究後認為，這裡的居民習慣不穿鞋是因為鞋商沒有開發需求和市場，因此，他發電報回總部：「這裡的居民都沒有鞋子，這裡有廣大的市場。」果然，美國這家鞋廠在該島大肆宣傳後，居民發現穿鞋的好處，很快就打開銷路，大幅提高盈利。

市場猶如汪洋大海，競爭的波濤無時不在。經營者在這驚濤駭浪的大海中，如何才能把經營的船駛達成功的彼岸並從中獲利呢？經過無數經營者的實踐和探索，發現了一條賺錢之道，即創造市場。那麼到底該如何創造市場呢？

1、製造需求：市場與需求是相依為命的，沒有需求就不會有市場。如果經營者能「製造」需求，市場就應運而生了。人們對某種產品有強烈的需求，就有遠大的市場前景，所以經營者應該學習如何製造需求。

2、樂觀看待未來：只要有人就有市場，善於觀察的人較容易發現市場。有一則笑話：老太太有兩個兒子，一個賣傘，一個賣鹽。晴天老太太擔心無人買傘，雨天擔心無人買鹽。結果有人告訴老太太：「天有陰晴，你只要想，晴天有人買鹽，雨天有人買傘，那麼你的兩個兒子不就都有飯吃了嗎？」

3、引導消費：只關注消費者的日常需求還不夠，應該設法引導、發掘消費者的潛在需求。地球上有數十億人口，隱藏著各種需求和市場，只要經過適當的誘導和開發，自然就會出現。

4、不斷更新產品：大部分的人都喜新厭舊，現存的產品很容易被個人喜好淘汰。唯有不斷創新，利用新產品迎合消費者的潛在需求、誘導消費者的新需求，才能在市場上站穩腳跟。

38

調整負債比例，減輕獲利壓力

翰文在某公司上班，利用業餘時間炒股票，最初只是玩票性質，後來玩上癮，乾脆辭職專門炒股票。不到一個月，賺進五、六萬。翰文胃口越來越大，以高息向朋友借了十萬元投資，沒想到運氣不好，被套牢。借款到期後，債主上門找翰文要錢。翰文沒錢還，只好避不見面，東躲西藏。

對於經營者而言，無論你有多少借貸的管道，也不管你能借到多少資金，千萬不能做債務的奴隸。

1、有多少錢做多大生意：雖然這種做法很保守，卻能在激烈的競爭中穩紮穩打。有句形容銀行借貸的俗語：「晴天送傘，雨天收傘。」揭示了借貸的本質。許多經營者喜歡借貸，不面對現實，盲目變更、擴張營業，毫無計畫地揮霍資金，卻忘了一個事實：借的錢終究要償還。過分的投資超出實際需求，收益勢必不成比例。如此一來，經營者疲於應付借款，甚至求諸高利貸。經營者應該感謝吝嗇的金融機構，因為它可以迫使你從另外的角度仔細認識自己，評估實際情況，妥善運用資金。

2、用小錢滾大錢：在商品經濟的社會中，處處離不開錢，尤其是做生意，沒有本錢可謂寸步難行。有了錢，就可隨心所欲，但是經營者的智慧在於有效運用小額資本，以小錢滾大錢。投入大量的資金，購進大量的貨，滿足客戶各種需求，守株待兔，坐等客人上門。任何人都會做這種死生意。沒有本錢的經營者不必擔心，只要遵循不斷提高資金周轉率的原則，制定出相應的物品銷售策略，就能夠找到成功的秘訣。

3、累積發展資金：經營者在經營活動中都會遇到資金周轉的問題，借貸是很正常的。常言道：「用自己的資金做生意是下策，用別人的錢賺錢才是上策。」有的人借到資金後就拚命擴大投資，缺錢就像無頭蒼蠅四處籌措。事實上，經營者應該設法累積發展資金，避免在經營中處於被動地位。那麼怎樣才能擴充發展資金呢？

有資金運作經驗的經營者認為，營運狀況甚佳時應適時儲蓄，不勉強擴大投資。儲蓄猶如「蓄水池」，在無意識中蓄積力量。有了儲蓄後，就可以積極投資不動產，穩紮穩打。無論用什麼辦法，平時多儲蓄，以備不時之需，是資金周轉對策的第一步

4、慎重申請貸款額：營業一段時間後，確實有擴大投資的必要，而當資金不足時，借貸是較好的方法。例如服飾店注重流行性，所以對資金的周轉要求較高。在資金周轉遇到困難時，只要有一定的自備資金，就可以向金融機構申請貸款。不過，申請貸款之前，一定要擬定還款計畫，並釐清貸款的條件和利息等，評估自己的還款能力。仔細計算和分析是貸款前必須要的工作。一般而言，貸款額不超過自備資金比較保險。這樣既不會有沈重的壓力，又能為擴大經營提供有效的資金保障。

●度小月系列

路邊攤賺大錢 1【搶錢篇】	280元	路邊攤賺大錢 2【奇蹟篇】	280元
路邊攤賺大錢 3【致富篇】	280元	路邊攤賺大錢 4【飾品配件篇】	280元
路邊攤賺大錢 5【清涼美食篇】	280元	路邊攤賺大錢 6【異國美食篇】	280元
路邊攤賺大錢 7【元氣早餐篇】	280元	路邊攤賺大錢 8【養生進補篇】	280元
路邊攤賺大錢 9【加盟篇】	280元	路邊攤賺大錢10【中部搶錢篇】	280元
路邊攤賺大錢11【賺翻篇】	280元		

●DIY系列

路邊攤美食DIY	220元	嚴選台灣小吃DIY	220元
路邊攤超人氣小吃DIY	220元	路邊攤紅不讓美食DIY	220元
路邊攤流行冰品DIY	220元		

●流行瘋系列

跟著偶像FUN韓假	260元	女人百分百—男人心中的最愛	180元
哈利波特魔法學院	160元	韓式愛美大作戰	240元
下一個偶像就是你	80元	芙蓉美人泡澡術	220元

●生活大師系列

魅力野溪溫泉大發見	260元	寵愛你的肌膚：從手工香皂開始	260元
遠離過敏：打造健康的居家環境	280元	這樣泡澡最健康—紓壓、排毒、瘦身三部曲	220元
台灣珍奇廟—發財開運祈福路	280元	兩岸用語快譯通	220元
舞動燭光—手工蠟燭的綺麗世界	280元	空間也需要好味道—打造天然香氛的68個妙招	260元

●寵物當家系列

Smart養狗寶典	380元	Smart養貓寶典	380元
貓咪玩具魔法DIY：讓牠快樂起舞的55種方法	220元	愛犬造型魔法書：讓你的寶貝漂亮一下	260元

- 寶貝漂亮在你家—寵物流行精品DIY　220元
- 我家有隻麝香豬—養豬完全攻略　220元
- 我的陽光・我的寶貝—寵物真情物語　220元

●人物誌系列

- 現代灰姑娘　199元
- 船上的365天　360元
- 走出城堡的王子　160元
- 貝克漢與維多利亞—新皇族的真實人生　280元
- 瑪丹娜—流行天后的真實畫像　280元
- 風華再現—金庸傳　260元
- 她從海上來—張愛玲情愛傳奇　250元
- 黛安娜傳　360元
- 優雅與狂野—威廉王子　260元
- 殤逝的英格蘭玫瑰　260元
- 幸運的孩子—布希王朝的真實故事　250元
- 紅塵歲月—三毛的生命戀歌　250元
- 俠骨柔情—古龍的今生今世　250元
- 從間諜到總統—普丁傳奇　250元

●心靈特區系列

- 每一片刻都是重生　220元
- 成功方與圓—改變一生的處世智慧　220元
- 課本上學不到的33條人生經驗　149元
- 給大腦洗個澡　220元
- 轉個彎路更寬　199元
- 絕對管用的38條職場致勝法則　149元

●SUCCESS系列

- 七大狂銷戰略　220元
- 超級記憶術—改變一生的學習方式　199元
- 搞什麼行銷　220元
- 打造一整年的好業績—店面經營的72堂課　200元
- 管理的鋼盔—商戰存活與突圍的25個必勝錦囊　200元
- 精明人聰明人明白人—態度決定你的成敗　200元

●都會健康館系列

- 秋養生—二十四節氣養生經　220元
- 夏養生—二十四節氣養生經　220元
- 週一清晨的領導課　160元
- 春養生—二十四節氣養生經　220元
- 人脈=錢脈—改變一生的人際關係經營術　180元
- 搶救貧窮大作戰　48條絕對法則　220元

●CHOICE系列

書名	定價	書名	定價
入侵鹿耳門	280元	蒲公英與我一聽我說說畫	220元
入侵鹿耳門（新版）	199元		

●FORTH系列

書名	定價	書名	定價
印度流浪記一滌盡塵俗的心之旅	220元	胡同面孔一古都北京的人文旅行地圖	280元

●禮物書系列

書名	定價	書名	定價
印象花園 梵谷	160元	印象花園 莫內	160元
印象花園 高更	160元	印象花園 竇加	160元
印象花園 雷諾瓦	160元	印象花園 大衛	160元
印象花園 畢卡索	160元	印象花園 達文西	160元
印象花園 米開朗基羅	160元	印象花園 拉斐爾	160元
印象花園 林布蘭特	160元	印象花園 米勒	160元
絮語說相思 情有獨鍾	200元		

●工商管理系列

書名	定價	書名	定價
二十一世紀新工作浪潮	200元	化危機為轉機	200元
美術工作者設計生涯轉轉彎	200元	攝影工作者快門生涯轉轉彎	200元
企劃工作者動腦生涯轉轉彎	220元	電腦工作者滑鼠生涯轉轉彎	200元
打開視窗說亮話	200元	文字工作者撰錢生活轉轉彎	220元
挑戰極限	320元	30分鐘行動管理百科（九本盒裝套書）	799元
30分鐘教你自我腦內革命	110元	30分鐘教你樹立優質形象	110元
30分鐘教你錢多事少離家近	110元	30分鐘教你創造自我價值	110元
30分鐘教你Smart解決難題	110元	30分鐘教你如何激勵部屬	110元

30分鐘教你掌握優勢談判	110元	30分鐘教你如何快速致富	110元
30分鐘教你提昇溝通技巧	110元		

●精緻生活系列

女人窺心事	120元	另類費洛蒙	180元
花落	180元		

●CITY MALL系列

別懷疑！我就是馬克大夫	200元	愛情詭話	170元
唉呀！真尷尬	200元		

●親子教養系列

孩童完全自救寶盒（五書+五卡+四卷錄影帶）	3,490元（特價2,490元）
孩童完全自救手冊-這時候你該怎麼辦（合訂本）	299元
我家小孩愛看書一Happy學習easy go！	220元

●新觀念美語

NEC新觀念美語教室	12,450元（八本書+48卷卡帶）

您可以採用下列簡便的訂購方式：

◎請向全國鄰近之各大書局或上博客來網路書店選購。

◎劃撥訂購：請直接至郵局劃撥付款。

帳號：14050529

戶名：大都會文化事業有限公司

（請於劃撥單背面通訊欄註明欲購書名及數量）

蒲公英與我—聽我說說畫

作　　者：色鉛筆＊阿瑋
出　　版：大旗出版
定　　價：220元

我的心情・我的想念

與你分享・願你幸福

【書籍簡介】

新生代插畫家—色鉛筆＊阿瑋，本著年輕衝勁的活力，帶著天馬行空的想像來創作。其獨特的畫風，充滿俏皮靈性；淡淡的文筆，述說女孩心聲。

作者藉由微風吹起的蒲公英，悄悄捎信而來，信裡是她的日記、她的心情、她的想念……帶領讀者進入女孩的內心世界。從愛情開始，再遇到生活中的挫折、失意、失戀、逃避、覺醒、追尋、新戀情，然後又一次發現幸福；幾番轉折之後，感情延伸至親情、友情，最後化為大愛，將她的愛與快樂傳遞出去，和讀者一同分享，也一同感受周遭的愛與快樂，希望所有人都能幸福！

【作者簡介】

新人插畫家「**色鉛筆＊阿瑋**」，是個獅子座的七年級生，出生於有風城之稱的新竹市，目前還是美術系學生。喜歡畫畫、到處攝影、上網、看故事書、愛夜晚，只要想到能畫圖就有愉快的心情。

入侵鹿耳門

作　　者：李鋅銅
出　　版：大旗出版
定　　價：280元
改版特價：199元

2004年大預言，竟在2005年成真！
世紀之毒是巧合？還是事實？
一場百年浩劫正巧巧的拉開序幕……

【書籍簡介】

台南市安南區的台鹼安順廠在日據時代是日本生產毒氣的大本營，國民政府來台後，繼續增產可作為木材防腐劑的五氯酚，但生產過程中產生的戴奧辛及汞汙染嚴重影響周圍環境，可是政府並未積極處理此一汙染事件。

2004年入冬，台南市鹿耳門發生水母攻擊事件，造成多人失蹤、死亡！那是和人一般大的變種水母，人們從未見聞，政府為此採取緊急措施。就在以為一切都在掌握中時，2005年冬天，水母再度沿鹿耳門溪上岸。軍方為了這個異種生物進駐鹿耳門，與水母大軍激戰一夜，造成傷亡。

人們對生態問題的無知，當局對生態問題的低能，使這塊美麗之島蒙上了一層灰。

本書作者於十幾年前開始在台南市跑新聞，對當地的土地、歷史、人文有深刻的體認。在有感而發之際，他以舊台鹼安順廠「毒土地」的汙染為軸，發展出這篇驚悚又引人深思的故事。

【作者簡介】

李鋅銅，1959年生，文化大學新聞系畢業，先後在中國廣播公司、台灣日報擔任記者。1987年進入聯合報服務迄今，現服務於台南市，曾獲曾虛白新聞獎。

胡同面孔【古都北京的人文旅行地圖】

作　　者：邱陽
出　　版：大旗出版
定　　價：280元

心靈的地圖　情感的地圖　行走的地圖

幽雅的旅行　浪漫的旅行　回味的旅行

【書籍簡介】

北京五十條胡同，承載多少歷史信息與文化內涵。尋幽探訪時，逐漸模糊的名人蹤跡，如曹雪芹、龔自珍、蔡元培、魯迅、冰心等，以及胡同的滄桑風貌，都會隨著悸動慢慢浮現心頭。或臨水淡雅、或古樸幽深，縱使已殘破零落，也能窺得雅、韻、樸、幽、影五種深刻的意境。

一條胡同是一個記憶、一種懷念、一份感動，甚或一首詩、一段路、一本書。你準備好帶著這本古都人文旅行地圖，推開時光之門，按圖索驥，用「心」去找尋沈潛於歷史中的感動了嗎？

【作者簡介】

邱陽，北京人，擅長散文及評論，喜愛讀書藏書，信奉「讀萬卷書，行萬里路」的人文法則。熱愛生活、崇尚自然，追求一切樸素而淳美的東西，在文字中行走，在現實中尋找，用記錄的影像和語言去描摹時代面容是人生的目標。

印度流浪記─滌盡塵俗的心之旅

作　　者：胡菀如
出　　版：大旗出版
定　　價：220元

一個包容世間萬象，在極端之中取得平衡的國度
靈性修行、文明衝突、人類最原始純真的情感、生與死之間的體悟，都在印度這塊大地之上

【書籍簡介】

數年前，一個年輕的台灣女子和旅伴一同前往心中嚮往已久印度；一個多神信仰、華麗多變，文明與原始並存，很難具體描述出形象的國家。他們沒有設定完善而美好的觀光行程，只是帶著簡單的行囊和年輕驛動的心，深入印度當地並順著機運旅行。

在旅程中他們遇見許多人、事、物。有單純美好而無須言語就能心意相通的淳樸居民、對現狀不滿而詛咒著萬物的西方人、萍水相逢而仍真心款待的森林管理員，以及挾文明之力耀武揚威的印度官員，這些人在他們的旅程中扮演著提點的角色。而與死神擦身而過的經歷，讓兩人對生命有更多的體悟。

印度，一個靈性與試煉的大地。

【作者簡介】

胡菀如，1966年出生在台灣。自小對家的印象就是不停的遷徙，台灣、約旦、沙烏地阿拉伯、英國、美國、印度、泰國、加拿大……走到哪裡都是她的家園。曾就讀於加拿大馬拉斯賓那大學（Malaspina University-College）藝術系、2004年獲得英國里茲大學（Leeds University）翻譯系碩士資格，身兼瑜珈教師、譯者等身分。目前和家人如同南遷的候鳥一般回到台灣這塊土地上。

轉個彎　路更寬

作　　者：趙希俊
出　　版：大都會文化
定　　價：280元
體 驗 價：199元

垃圾放對地方是資源

資源放錯地方是垃圾

【書籍簡介】

相同的條件、一樣的環境限制，為什麼有人就是可以邁向成功？你確定你隨時都能感覺到快樂？天底下沒有絕對的好事或壞事，有的只是你如何選擇面對事情的態度，若凡事皆抱著負面的心態來看待，那麼即使中了幾千萬元的樂透彩，也是壞是一樁。本書介紹成功人士奉為圭臬的67道人生智慧，闡述換個思路的腦力激盪與快意生活的正面人生觀，讓問題更有效率獲得解決、生活更能暢意自在。

【作者簡介】

趙希俊，畢業於北京大學。多年來從事中國傳統文化的研究，現於北京大學任教。1998年以來開始從事專業創作，發表過多篇關於社交、人際方面的文章及多本著作，累積出版文字達400多萬字，為中國新生代之名作家。

成功方與圓—改變一生的處世智慧

作　者：孫　莉
出　版：大都會文化
定　價：220元

何為「方」？何為「圓」？

「方中有圓」怎是做人之道？「圓外有方」又要如何處世？

【書籍簡介】

人生總是崎嶇艱難，現實中又處處充斥著不如意的事，人們因而愈發渴求幸福、期望成功，希望現況能有所改變。然而，往往用盡心思，甚至掏心掏肺的付出後，卻是茫茫然無所獲，難道只能感嘆自己的命運不如人嗎？

為此，本書提出不一樣的見解，逐步引領你省視自身的思想與行為，幫助你建立新的人生觀，改變自己的命運。

你將會發現每一次瞬間的頓悟、每一句話語的點撥、每一則故事的啟發，都可能成為你人生的轉折點，幫助你靈活地謀取成功。藉由點點滴滴的經驗累積，讓你精於做人、巧於做局、明於做事，使你的人生之旅大道通天、進退有術！

【作者簡介】

孫莉，法學碩士，畢業於中國人民大學法學院研究所。

近年來致力於成功學的研究，著有多本暢銷專書，其中《健商IQ》、《逆商IQ》均在中國創下可觀之銷售紀錄並引起強烈回響。

夏養生－ 二十四節氣養生經

作　者：中國養生文化研究中心　著
審　定：中國醫藥大學中醫學士　陳仁典醫師
推　薦：中國醫藥大學中醫博士　吳龍源醫師
出　版：大都會文化
定　價：220元

輯錄千年百載聖哲先賢的養生強身智慧　概覽歷朝歷代經典要籍之隱策祕略經髓
您曉得「養生之道」有四季節氣的區別嗎？
而在暑氣蒸騰的夏天裡人們該如何養生？

【書籍簡介】

農曆的二十四節氣便具體反映出自然氣候變化，先人們據此提出「春夏養陽，秋冬養陰」的養生健康觀念，和按季節而定的保健強身方法，並為後世留下大量珍貴的時令養生著述。

本書特輯錄聖哲先賢的養生智慧和歷代的經典妙論，將現代醫學知識與傳統醫學理念結合，為人們在夏季的立夏、小滿、芒種等節氣裡，安排日常起居、運動鍛鍊、飲食藥膳與房事宜忌等，更提供夏季常見疾患的中醫療方及其他醫療保健資訊作為參考，融經典性、知識性與實用性於一爐，另外還提到當節時令的傳統風俗以增添趣味性，務使讀者朋友們能輕鬆掌握秋季裡的養生保健要訣。

【作者簡介】

◎ 中國養生文化研究中心，由一群對中國傳統養生學及風俗文化有興趣的學者專家們所組成。

◎ 陳仁典醫師，中國醫藥大學中醫學系畢業，現服務於中醫診所，擅長內科方面疾病。

◎ 吳龍源醫師，中國醫藥大學中醫博士，目前擔任過中華民國中醫師公會全國聯合會顧問、台北市中醫師公會常務理事、中華民國中醫典籍研究學會常務理事、中華民國傳統醫學會常務理事、教育部部審副教授，並兼任中國醫藥大學副教授。

【成長三部曲】首部曲-課本上學不到的33條人生經驗

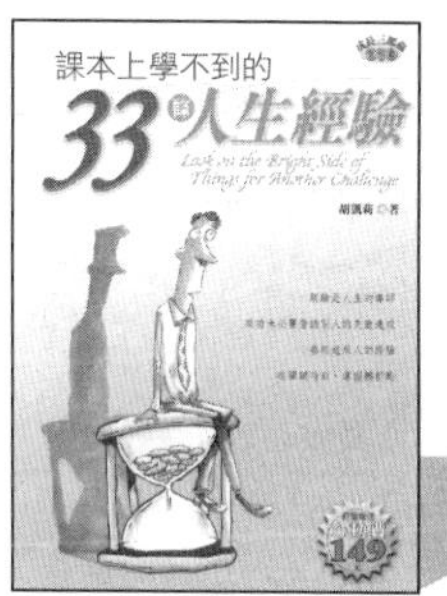

作　　者：胡凱莉
出　　版：大都會文化
定　　價：149元

經驗是人生的導師，成功未必要借助別人的失敗達成。

善用過來人的經驗，在關鍵時刻，掌握轉折點。

【書籍簡介】

教室裡學到的知識絕對有用，但人生經驗卻不會出現在教科書中。

本書分成做人經驗與戀愛經驗，讓你的人生進退有據。

・做人經驗

做事先做人。手裡握著「金」字，不如臉上寫著「誠」字。真誠的態度是人際關係的支架，多一個朋友就是多一條走向成功的路。做人經驗教你如何活用待人接物的優勢，在無常的生活裡無往不利。

・戀愛經驗

愛情是一種雙人遊戲，未必兩人都會是贏家。在鬥智的過程中，雖不會大動干戈，但落敗的人卻必須承受極大的苦楚。唯有懂得運籌帷幄的人，能夠品嘗甜蜜的果實。戀愛經驗教你如何磨亮自己的利器，創造雙贏的局面。

絕對管用的38條職場致勝法則

作　　者　胡凱莉
發 行 人　林敬彬
主　　編　楊安瑜
編　　輯　施雅棠
封面設計　許紘捷
內頁設計　許紘捷

出　　版　大都會文化 行政院新聞局北市業字第89號
發　　行　大都會文化事業有限公司
110台北市基隆路一段432號4樓之9
讀者服務傳真：（02）27235220
電子郵件信箱：metro@ms21.hinet.net
網址：www.metrobook.com.tw
Metropolitan Culture Enterprise Co., Ltd.
4F-9, Double Hero Bldg., 432, Keelung Rd., Sec. 1,
Taipei 110, Taiwan
TEL:+886-2-2723-5216　FAX:+886-2-2723-5220
e-mail:metro@ms21.hinet.net
Website:www.metrobook.com.tw

郵政劃撥　14050529　大都會文化事業有限公司
出版日期　2005年09月初版第1刷
定　　價　180元
特　　價　149元
ＩＳＢＮ　986-7651-46-4
書　　號　Growth-006

國家圖書館預行編目資料

絕對管用的38條職場致勝法則 / 胡凱莉著. --
初版. -- 臺北市：大都會文化，2005[民94]
面；　公分
ISBN 986-7651-46-4(平裝)
1. 職場成功法
494.35　　　94013333

絕對管用的 38條職場致勝法則

北區郵政管理局
登記證北台字第9125號
免貼郵票

大都會文化事業有限公司
讀者服務部收

110 台北市基隆路一段432號4樓之9

寄回這張服務卡(免貼郵票)
您可以：
◎不定期收到最新出版訊息
◎參加各項回饋優惠活動

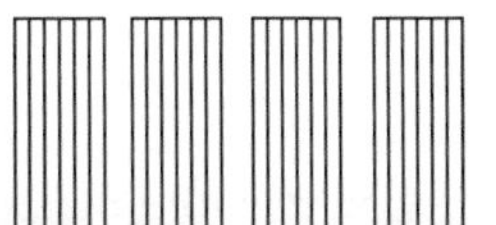

大都會文化 讀者服務卡

書號：Growth-006 絕對管用的38條職場致勝法則

謝謝您選擇了這本書！期待您的支持與建議，讓我們能有更多聯繫與互動的機會。日後您將可不定期收到本公司的新書資訊及特惠活動訊息。

A. 您在何時購得本書：＿＿年＿＿月＿＿日
B. 您在何處購得本書：＿＿＿＿書店(便利超商、量販店)，位於＿＿＿＿(市、縣)
C. 您從哪裡得知本書的消息：1.□書店 2.□報章雜誌 3.□電台活動 4.□網路資訊5.□書籤宣傳品等6.□親友介紹7.□書評8.□其他＿＿＿＿
D. 您購買本書的動機：（可複選）1.□對主題或內容感興趣 2.□工作需要 3.□生活需要 4.□自我進修5.□內容為流行熱門話題6.□其他＿＿＿＿
E. 您最喜歡本書的（可複選）：1.□內容題材 2.□字體大小 3.□翻譯文筆 4.□封面 5.□編排方式6.□其它
F. 您認為本書的封面：1.□非常出色 2.□普通 3.□毫不起眼 4.□其他＿＿＿＿
G. 您認為本書的編排：1.□非常出色 2.□普通 3.□毫不起眼 4.□其他＿＿＿＿
H. 您通常以哪些方式購書：(可複選)1.□逛書店 2.□書展 3.□劃撥郵購 4.□團體訂購5.□網路購書 6.□其他＿＿＿＿
I. 您希望我們出版哪類書籍：（可複選）1.□旅遊 2.□流行文化3.□生活休閒 4.□美容保養 5.□散文小品 6.□科學新知 7.□藝術音樂 8.□致富理財 9.□工商企管10.□科幻推理 11.□史哲類 12.□勵志傳記 13.□電影小說 14.□語言學習（＿＿語）15.□幽默諧趣 16.□其他＿＿＿＿
J. 您對本書(系)的建議：＿＿＿＿
K. 您對本出版社的建議：＿＿＿＿

讀者小檔案

姓名：＿＿＿＿ 性別：□男 □女 生日：＿＿年＿＿月＿＿日

年齡：□20歲以下□21～30歲□31～40歲□41～50歲□51歲以上

職業：1.□學生 2.□軍公教 3.□大眾傳播 4.□服務業 5.□金融業 6.□製造業 7.□資訊業 8.□自由業 9.□家管 10.□退休 11.□其他＿＿＿＿

學歷：□國小或以下 □國中 □高中／高職 □大學／大專 □研究所以上

通訊地址＿＿＿＿

電話：（H）＿＿＿＿（O）＿＿＿＿傳真：＿＿＿＿

行動電話：＿＿＿＿ E-Mail：＿＿＿＿

◎謝謝您購買本書，也歡迎您加入我們的會員，請上大都會文化網站 www.metrobook.com.tw登錄您的資料，您將會不定期收到最新圖書優惠資訊及電子報。